高职高专规划教材

家装工程施工与验收

（建筑装饰工程技术专业适用）

主编 屠钊

副主编 司伟 李玲 汪丽媛

杨龙 曹永太

中国建筑工业出版社

图书在版编目（CIP）数据

家装工程施工与验收/屠钊主编. —北京：中国
建筑工业出版社，2020.5
高职高专规划教材. 建筑装饰工程技术专业适用
ISBN 978-7-112-25110-0

Ⅰ.①家…　Ⅱ.①屠…　Ⅲ.①住宅－室内装修－工程
施工－高等职业教育－教材②住宅－室内装修－工程验收
－高等职业教育－教材　Ⅳ.①TU767

中国版本图书馆CIP数据核字（2020）第082426号

责任编辑：杨　虹　周　觅　费海玲
责任校对：张惠雯

高职高专规划教材
家装工程施工与验收
（建筑装饰工程技术专业适用）

主　编　屠　钊
副主编　司　伟　李　玲　汪丽媛　杨　龙　曹永太
*
中国建筑工业出版社出版、发行（北京海淀三里河路9号）
各地新华书店、建筑书店经销
北京锋尚制版有限公司制版
北京建筑工业印刷厂印刷
*
开本：787毫米×1092毫米　1/16　印张：14¼　字数：292千字
2020年11月第一版　2020年11月第一次印刷
定价：48.00元
ISBN 978-7-112-25110-0
（35842）

前　言

目前，有关建筑装饰工程施工的书籍虽然较多，但涉及家装施工并与实际项目紧密结合的教材却数量有限。本书为校企合编教材，实行项目导向、任务引领的教学模式，项目教学目的明确，将家装材料、构造、施工工艺及验收方法贯穿到家装项目中去。教材编写以知识"够用、管用"为原则，引入新材料新工艺，图文并茂（少数图片采用BIM装饰设计软件制作）；全书主要以七个家装室内项目（任务）为编写主线，每一个任务均来自于企业一线工程，任务目标明确、脉络清晰，将理论与实践紧密结合。编写中遵循循序渐进地掌握装饰施工相关技术的原则，通过实际训练，促使学生提高学习兴趣，以尽快适应今后的岗位工作；同时，本教材亦能满足装饰企业施工人员培训学习的需要。教材充分体现出高职教育的特点。

参与本书编写的人员有：宁夏建设职业技术学院建筑装饰专业教师屠钊、李玲、汪丽媛；宁夏建设投资集团装饰工程有限公司工程师司伟；宁夏昌禾建筑装饰工程有限公司工程师杨龙、曹永太、李宏武、杨家明、马海波，设计师魏铭俊先生。在此一并致谢！全书由屠钊统稿。

感谢中国建筑工业出版社的大力支持！

因编者水平有限，书中难免有不足之处，望读者不吝赐教。

屠钊

2019年10月

目　　录

基础篇

1

第一章　家装施工前期准备

"工欲善其事，必先利其器。"一项优质的家装工程，离不开高素质施工人员的精雕细琢。

第一节　家装施工人员应具备的职业素养

家装施工人员作为一个人数众多又备受关注的职业人群，必然要求其具有相应的能力和素质。

一、家装施工人员的知识、能力

家装施工人员为了胜任自己的专业工作，应该具备一定的知识结构。一个优秀的家装施工人员应该拥有较全面的专业知识和完备的专业知识结构。不仅要有出色的施工操作能力，而且在沟通交际、设计、识图、选材、工艺质量把握，甚至在造价控制等方面也要有一定的知识和能力。只有家装施工人员有较充分的知识及技能准备，才能适应各种项目和各种施工工艺，并使业主满意。

总结起来，一个出色的家装施工人员应该具有以下七个方面的知识与能力：

（一）基本知识与能力

德、智、体、美等各类基本素质与其他各类专业技术人员要求是一样的。除此之外，还要特别强调思想品德、文明礼貌和职业道德。

（二）工程制图知识与能力

具备阅读和初步绘制装饰工程图和专业施工图的知识与能力。

（三）审美能力

有一定的美感修养和审美能力。

（四）一定的家装设计知识

了解家装设计的原理，具有一定的家装设计知识。

（五）一定的家装工程管理知识与能力

能够在施工中正确运用材料，在工程现场解决施工技术问题。

（六）较强的施工操作能力

能够熟练运用施工工具，掌握施工工艺、施工质量的控制。

（七）环保意识

具有环境保护和劳动安全意识。

二、家装施工人员的修养

家装施工人员除了有完备的知识结构和具体的技能以外，还应该有良好的个人素养和职业素养。

（一）良好的个人素养

良好的个人素养是家装施工人员获得声誉的重要保证。只有专业知识，没有相关的知识修养，不可能成为一个优秀的家装施工人员。家装施工人员需要具备多方面的个人素养。

（二）良好的职业素养

不管人们从事什么行业，都应该有这个行业的职业素养。职业素养有时候可以等同于职业道德，但它比职业道德更广泛、更需要养成。

1. 诚信

诚信是家装施工人员的重要的职业素养。它在当下这个强调诚信的社会显得尤为重要。在长期的实践中要养成坚持诚信这一良好个人素养。

家装施工人员缺乏诚信的表现有：出现施工质量问题时，推卸责任；故意误导客户；为了自己的利益而损害客户的利益；不设身处地地为客户考虑，等等。这样的行为在家装施工人员中或多或少地存在着。例如，在自己业务繁忙的情况下，为了不失去眼前的业务，而在施工中偷工减料，这样的做法是十分短视的行为。

施工人员一旦失去了诚信就很难再挽回。家装施工人员也应该具有一诺千金的品质。如一定要在答应客户的时间里完成施工；施工过程中产生了问题，一定要及时解决等。

2. 责任感

家装施工人员必须为自己的施工质量负责。施工工费的成本通常大大低于整个工程的成本。一条线弹错了，都可能意味着成百上千的制造成本，有时甚至关系到人的生命安全。所以在安全问题上，家装施工人员不能有半点马虎。如，国家没有赋予家装施工人员进行建筑结构改造的权限，因此涉及建筑结构的改变必须让具备资质的结构设计师承担。一定要严格按照施工规范和标准办事，千万不要不懂装懂。自己不懂的要提出来，让行家来处理。

不要为了自己的面子而埋下施工的安全隐患。对于水电、消防、设备、环保等事关生命安全的施工问题一定要慎之又慎。

3. 执着

家装施工人员要有自己的理想，敢于坚持，敢于负责。业主的意见不管是外行的，还是平庸的，都不要嘲笑。相反，应该争取有礼貌地说服业主。而对于业主提出的有价值的意见，一定要虚心接受。

4. 不断完善自己

我们面临的社会是一个终身学习的社会，知识技能更新速度之快使我们诚惶诚恐，稍不留神，才学会的技术就要被淘汰了。只要你离开了一个行业半年，可能一切东西都发生了变化。一个家装施工人员如果几个月不去材料市场，可能会找不到市场的大门；一年不接触材料，可能又有若干新材料、新工艺出现了。墨守成规无法适应这个社会。所以，家装施工人员在处理自己繁忙的业务的同时，也要注意不断地学习，才能跟上时代的步伐。

家装施工人员必须具备一定的建筑识图能力。

第二节　家装施工人员识图

作为一名合格的家装施工人员，应具备基本的建筑装饰工程施工图识图能力，以便于正确理解设计师的设计意图，合理施工。建筑装饰施工图包括：平面布置图、顶棚平面图、立面图、剖面图、节点详图。建筑装饰施工图是以透视效果图为依据，采用正投影法绘制的图样，以反映建筑物的装饰结构造型、饰面处理效果及做法、家具、陈设、绿化等布置情况。

一、投影绘制

家居室内设计（家装）的视图绘制应按《建筑制图标准》GB/T 50104—2010制图，各种视图均采用正投影法绘制。

（一）正投影的绘制

指将投射线垂直地投影到投影面上来表现一个三维形状或建筑物体。其投射线互相平行并且和投影面垂直（见图1-2-1）。单独一个正投影，无法表现出三维物体的全貌，只有通过其他相关的正投影才能完全了解该物体。因此，我们采用"三视图画法"来描述一个三维建筑物体，才能完整、精确地表现出三维物体全貌。

（二）镜像投影的绘制

三维物体在平面镜中反射图像的正投影。如，顶棚平面图宜用镜像投影绘制（当视图用第一视角画法绘制不易表达时，可用镜像投影法绘制，见图1-2-2、图1-2-3）。

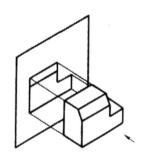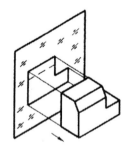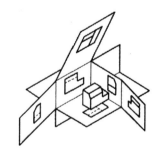

图1-2-1　投影原理图
图1-2-2　镜像投影画法分析图
图1-2-3　镜像投影表现

（三）三面投影图（三视图）的绘制

对于一个三维物体，只画出一个正投影，则不能完整地表达出它的形状和大小。如两个形状不同的物体，而它们在某个投影方向上的投影却完全相同，这就说明单独一个正投影，无法表现出三维物体的全貌，只有通过其他相关的正投影才能完全了解该物体。因此，我们采用"三视图画法"来完整精确地描述一个三维物体所必需的一系列正投影图。

通常把物体放在由三个相互垂直的投影面所组成的体系中，然后用正投影法由前面垂直向后投影，由上面垂直向下投影，由左面垂直向右投影，即可得到物体的三个方向不同的正投影图。

对于一个物体可用三视投影图来表达它的三个面。这三个投影图之间既有区别又有联系，从图1-2-4、图1-2-5中可以看出，三面正投影图具有以下特点：

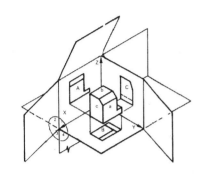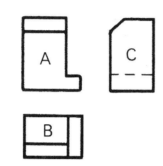

图1-2-4 三视图投影
分析
图1-2-5 三视图

(1) 正立面图（主视图）：能反映物体的正立面形状以及物体的高度和长度，及其上下、左右的位置关系；

(2) 侧立面图（侧视图）：能反映物体的侧立面形状以及物体的高度和宽度，及其上下、前后的位置关系；

(3) 平面图（俯视图）：能反映物体的水平面形状以及物体的长度和宽度，及其前后、左右的位置关系。

在三个投影图之间还有"三等"关系：

(1) 正立面图的宽与平面图的长相等；

(2) 正立面图的高与侧立面图的高相等；

(3) 平面图的宽与侧立面图的宽相等。

"三等"关系是绘制和阅读正投影图必须遵循的投影规律，在通常情况下，三个视图的相对位置不应随意移动。

二、家居室内设计（家装）制图标准

（一）制图标准总则

为了做到建筑装饰装修工程制图规范统一、清晰简明，保证图面质量，提高制图效率，符合设计、施工、存档等要求，以适应工程建设与装修的需要，本教学单元的教学内容参照《建筑制图标准》GB／T 50104—2010、《北京市建筑装饰装修工程设计制图标准》DBJ 01-613—2002等标准，制定了教学标准，适用于下列制图方式绘制的图样：

1. 手工制图、计算机制图；

2. 通用设计图、标准设计制图；新建、改建、扩建装饰装修工程的各阶段设计图及建筑装饰装修工程竣工图。

（二）图纸编排顺序与图纸幅面规格

1. 图纸编排顺序

1）建筑装饰装修工程图纸的编排顺序一般应为：封面、图纸目录、设计说明、建筑装饰设计图。

如涉及结构核算、给水排水、采暖空调、电气等专业内容，还应附具备相应专业资质的设计单位设计的专业图纸。其编排顺序为：结构核算图、给水排水图、采暖空调图、电气图等。

2）建筑装饰装修工程图纸，除总平面图、总顶棚平面图外，应按照建筑物楼层顺序进行分区。如建筑物单层面积过大、设计内容过多，或无法按楼层进行分区时，应按不同使用功能进行分区。不同的分区，应各自独立编排图纸序号。如一层01、一层02……每一分区内，应按该区域内的平面图、顶棚平面图、立面图、详图的顺序编排图号，如平面01、平面02……顶棚01、顶棚02……其中平面图宜包括平面布置图、墙体尺寸图、地面铺装图、各专业条件图；顶棚平面图宜包括总顶棚平面图、装修尺寸图、各专业条件图。

2. 图纸幅面规格

图纸幅面，指图纸的大小规格。为了便于图纸的装订、查阅和保存，满足图纸现代化管理的要求，图纸的大小规格应力求统一。

建筑工程图纸的幅面及图框尺寸应符合表1-2-1的规定。表中数字是裁边以后的尺寸，尺寸代号的意义如图1-2-6、图1-2-7所示。

幅面及图框尺寸（mm）　　　　　　　　　　　　　　　　　表1-2-1

幅面代号 尺寸代号	A0	A1	A2	A3	A4
$b \times l$	841×1189	594×841	420×594	297×420	210×297
c	10			5	
a	25				

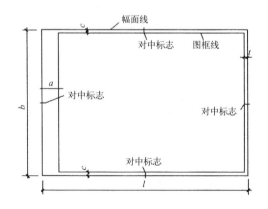

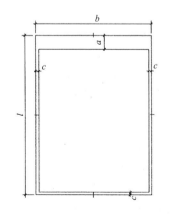

图1-2-6　工程图纸幅面尺寸及边框示意1

图1-2-7　工程图纸幅面尺寸及边框示意2

（1）需要微缩复制的图纸，其一个边上应标有一段准确的长度，四个边上均应附有对中标志。长度的总长应为100mm，分格应为10mm。对中标志应画在图纸各边长的中点处，线宽应为0.35mm，伸入框内应为5mm。

（2）图纸的短边一般不应加长，长边可加长，但应符合表1-2-2的规定。

（3）图纸以短边作为垂直边称为横式，以短边作为水平边称为立式。一般A0～A3图纸宜横式使用，必要时，也可立式使用。

（4）一个工程设计中，每个专业所使用的图纸，一般不宜多于两种幅面（不含目录及表格所采用的A4幅面）。

工程图纸长边加长尺寸标准										表1-2-2
幅面代号	尺寸代号/mm	长边加长尺寸/mm								
A0	1189	1338	1487	1635	1784	1932	2081	2230	2387	
A1	841		1051	1261	1472	1682	1892	2102		
A2	594	743	892	1041	1189	1338	1487	1635	1932	2081
A3	420		631	841	1051	1261	1472	1682	1892	

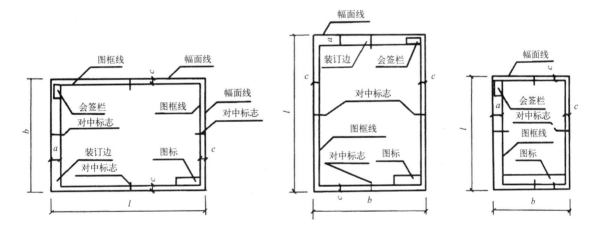

图1-2-8 图纸图标及会签栏等示意

（5）图标及会签栏。图纸的标题栏简称图标，图标、会签栏及装订边的位置应按图1-2-8所示布置。图标的大小及格式如图1-2-9所示，会签栏内应填写会签人员所代表的专业、姓名、日期（年、月、日）；一个会签栏不够用时可另加一个，两个会签栏应并列；不需要会签的图纸可不设此栏。

设计单位名称	工程名称	图号区
签字区	图名区	

180　40(30、50)

图1-2-9 图纸图标格式

3．图例

1）常用建筑材料图例

常用建筑材料图例请参照现行《建筑制图标准》GB/T 50104—2010中常用建筑材料图例。

2）常用建筑装饰材料图例

（1）一般规定

①本标准只规定了常用建筑装饰材料的图例画法，对其尺度比例不作具体规定。使用时，应根据比例在图纸上表达出相应材料的实际规格尺寸，并应注意下列事项：

a．图例线应间隔均匀，疏密适度，做到图例正确、表示清楚；

b．同类材料不同品种使用同一图例（如石材、木材、金属、地毯等），但应在图上附加说明或把图例线画成不同的方向。

②下列情况可不画建筑装饰材料图例，但应附加文字说明：

a．一张图纸内的内容只用了一种建筑装饰材料时；

b．图的比例很小而无法画出建筑装饰材料图例时。

③面积过大的建筑装饰材料图例，可在断面轮廓线内，沿轮廓线局部用图画出材料。

④使用本标准图例中未包括的建筑装饰材料时，可自编补充图例，但应在图纸上的适当位置画出该材料的补充图例，并加以说明。

（2）常用建筑装饰材料图例

常用建筑装饰材料应按表1-2-3所示图例画法绘制。当采用本标准的图例时，应按比例在图纸上表达出相应材料的实际规格尺寸。

常用建筑、装饰材料图例　　　　　　　　　　　表1-2-3

序号	名称	图例	说明
01	天然石材		
02	金属		包括各种金属
03	隔声纤维物		包括矿棉、岩棉、麻丝、玻璃棉、木丝板、纤维板等
04	地毯		包括各种地毯
05	细木工板		
06	木夹板		1.包括3mm厚、5mm厚、9mm厚、12mm厚、18mm厚夹板等；2.应注明胶合板的层数
07	石膏板		包括9.5mm厚、12mm厚各种纸面石膏板
08	木材		经过加工作为面层的实材
09	糙木		未经加工作为基层的木材
10	橡胶		

序号	名称	图例	说明
11	塑料		包括各种软硬塑料及有机玻璃等
12	人造石		包括各种人造石材
13	玻璃		包括普通玻璃、钢化玻璃、艺术玻璃、特种玻璃等
14	粉刷		本图例采用较稀的点
15	防水材料		构造层次多或比较厚时，采用此图例
16	饰面砖		包括铺地砖、锦砖马赛克、瓷砖、人造大理石等

图表来源：胡虹. 室内设计制图与透视表现教程［M］. 重庆：西南师范大学出版社，2006.

（3）常用建筑装饰电气及设备端口图例

①本标准所列图例特指建筑装饰界面上的通风与空气调节散流器及灯具图例，界面以外的相关专业图例仍依照各自专业的现行制图标准。

②当直接采用本标准的图例时，应另行指定该图例相应设备、产品的型号、规格，否则应在图纸上按比例准确表达散流器、灯具的尺寸、规格及材料。

③凡本标准的图例中未包括的给水排水、采暖空调与空气调节、强电弱电等专业图例，如照明开关、电话端口、消防栓等，仍依照各自专业的制图标准。

④常用建筑装饰装修工程设备端口图例见表1-2-4。

⑤常用建筑装饰装修工程灯具图例见表1-2-5。

常用建筑装饰装修工程设备端口图例   表1-2-4

名称	图例	说明
圆形散流器		
方形散流器		
剖面送风口		
剖面回风口		
条形送风口		规格需单独注明
条形回风口		
排气扇		
烟感		
喷淋		
扬声器		
开关		

名称	图例	说明
普通五孔插座		
地面插座		
防水插座		规格需单独注明
空调插座		
电话插座		
电视插座		

图表来源：胡虹．室内设计制图与透视表现教程［M］．重庆：西南师范大学出版社，2006．

常用建筑装饰装修工程灯具图例　　　　　　　　表1-2-5

名称	图例	说明
筒灯		
射灯		
轨道射灯		
壁灯		
防水灯		
吸顶灯		规格需单独注明
花式吊灯		
单管格栅灯		
双管格栅灯		
三管格栅灯	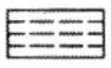	
暗藏日光灯管	- - - -	

图表来源：胡虹．室内设计制图与透视表现教程［M］．重庆：西南师范大学出版社，2006．

4．图线

1）图线的宽度 b，应根据图样的复杂程度和比例，按《房屋建筑制图统一标准》GB/T 50001—2017中（图线）的规定选用。

2）建筑装饰装修工程设计专业制图采用的各种图线应符合表1-2-6的规定。

3）特别提示

（1）点画线和双点画线的首末两端应是线段，而不是点；点画线与点画线交接或点画线（双点画线）与其他图线交接时，应是线段交接。

（2）虚线与虚线交接或虚线与其他图线交接时，都应是线段交接；虚线为实线的延长线时，不得与实线连接。

（3）相互平行的图线，其间距不宜小于其中粗线的宽度，且不宜小于0.7mm。

名称	线形	线宽	用途
粗实线	——————	b	平面图、顶棚图、立面图、详图中被剖切的主要构造（包括构配件）的轮廓线
中实线	——————	$0.5b$	1. 平面图、顶棚图、立面图、详图中被剖切的次要构造（包括构配件）的轮廓线 2. 立面图中的转折线 3. 立面图中的主要构件的轮廓线
细实线	——————	$0.25b$	1. 平面图、顶棚图、立面图、详图中一般构件的图形线 2. 平面图、顶棚图、立面图、详图中索引符号及其引出线
超细实线	——————	$0.15b$	1. 平面图、顶棚图、立面图、详图中细部润饰线 2. 平面图、顶棚图、立面图、详图中尺寸线、标高符号、材料标注引出线 3. 平面图、顶棚图、立面图、详图中配景图线
中虚线	— — — —	$0.5b$	平面图、顶棚图、立面图、详图中不可见的灯带
细虚线	— — — —	$0.25b$	平面图、顶棚图、立面图、详图中不可见的轮廓线
细单点长画线	—————·——	$0.25b$	中心线、对称线、定位轴线
折断线	—————⌐⌐—————	$0.25b$	不需画全的断开界线

图表来源：胡虹. 室内设计制图与透视表现教程 [M]. 重庆：西南师范大学出版社，2006.

（4）图线不得与文字、数字或符号重叠、混淆，不可避免时，应首先保证文字等清晰易认。

5. 尺寸标注

在建筑施工图中，图形只能表达建筑物的形状，建筑物各部分的大小还必须通过标注尺寸才能确定。房屋施工和构件制作都必须根据尺寸进行，因此尺寸标注是制图的一项重要工作，必须认真细致，准确无误。如果尺寸有遗漏或错误，必将给施工造成困难和损失。图线注写尺寸时，应力求做到正确、完整、清晰、合理。

以下将介绍建筑制图国家标准中有关尺寸标注的一些基本规定。

1）尺寸的组成

建筑图样上的尺寸一般应由尺寸界线、尺寸线、尺寸起止符号和尺寸数字四部分组成，如图1-2-10所示。

（1）尺寸界线：尺寸界线是控制所注尺寸范围的线，应用细实线绘制，一般应与被注长度线垂直。其一端应离开图样轮廓线不小于2mm，另一端宜超出尺寸线2~3mm。必要时，图样的轮廓线、轴线或中心线可用作尺寸界线，如图1-2-11所示。

（2）尺寸线：尺寸线是用来注写尺寸的，必须用细实线单独绘制，应与被注长度平行，且不宜超出尺寸界线。任何图线或其延长线均不得用作尺寸线。

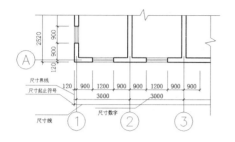
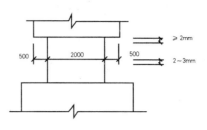

图1-2-10 建筑制图尺寸组成示意

图1-2-11 建筑制图尺寸界线示意

(3) 尺寸起止符号：尺寸起止符号一般应用中粗斜短线绘制，其倾斜方向应与尺寸界线成顺时针45°角，长度宜为2～3mm。半径、直径、角度和弧长的尺寸起止符号，宜用箭头表示。建筑图样上的尺寸数字是建筑施工的主要依据，建筑物各部分的真实大小应以图样上所注写的尺寸数字为准，不得从图上直接量取。图样上的尺寸单位，除标高及总平面图以米（m）为单位外，均必须以毫米（mm）为单位，图中不需注写计量单位的代号或名称。本书正文和图中的尺寸数字以及作业中的尺寸数字，除有特别注明外，均符合上述规定。

(4) 尺寸数字：尺寸数字的注写方向，应平行于尺寸线注写。尺寸数字应依据其读数方向注写在靠近尺寸线的上方中部，如没有足够的注写位置，最外边的尺寸数字可注写在尺寸界线外侧，中间相邻的尺寸数字可错开注写，也可引出注写，如图1-2-12所示。

图线不得穿过尺寸数字，不可避免时，应将尺寸数字处的图线断开，如图1-2-13所示。

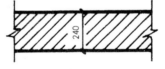

图1-2-12 尺寸数字示意

图1-2-13 尺寸数字不得与图线相交

2）常用尺寸的排列、布置及注写

尺寸宜标注在图样轮廓线以外，不宜与图线、文字及符号等相交。相互平行的尺寸线应与被注写的图样轮廓线由近向远整齐排列，小尺寸线应离轮廓线较近，大尺寸线应离轮廓线较远。图样轮廓线以外的尺寸线，距图样最外轮廓线之间的距离不宜小于10mm。平行尺寸线的间距宜为7～10mm，并应保持一致，如图1-2-10所示。

总尺寸的尺寸界线应靠近所指部位，中间的定位尺寸的尺寸界线可稍短，但其长度应相等。

半径、直径、球、角度、弧长、薄板厚度、坡度，以及非圆曲线等常用尺寸的标注方法见表1-2-7。

3）尺寸的简化标注

连续排列的等长尺寸，可用"个数×等长尺寸=总长"的形式标注，如图1-2-14所示。

标注内容	图例	说明
角度		尺寸线应画成圆弧，圆心是角的顶点，角的两边为尺寸界线。角度的起止符号应以箭头表示。如没有足够的位置画箭头，可用圆点代替。角度数字应水平方向书写
圆和圆弧		标注圆或圆弧的直径、半径时，尺寸数字前应分别加符号"ϕ""R"。尺寸线及尺寸界线应按图例绘制
大圆弧		较大圆弧的半径可按图例形式标注
小圆和小圆弧		小圆的直径和小圆弧的半径可按图例形式标注
球面		标注球的直径、半径时，应分别在尺寸数字前加注符号"$S\phi$""SR"，注写方法与圆和圆弧的直径、半径的尺寸注写方法相同
弧长和弦长		尺寸界线应垂直于该圆弧的弦。标注弧长时，尺寸线应以与该圆弧同心的圆弧线表示，起止符号应用箭头表示；标注弦长时尺寸线应以平行于该弦的直线表示，起止符号用中粗短斜线表示

图表来源：胡虹. 室内设计制图与透视表现教程［M］. 重庆：西南师范大学出版社，2006.

　　构配件内的构造要素（如孔、槽等）如相同，可仅标注其中一个要素的尺寸，如图1-2-15所示。

　　对称构配件采用对称省略画法时，该对称构配件的尺寸线应略超过对称符号，仅在尺寸线的一端画尺寸起止符号，尺寸数字应按整体全尺寸注写，其注写位置宜与对称符号对直，如图1-2-16所示。

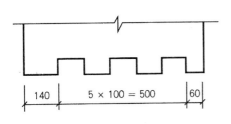

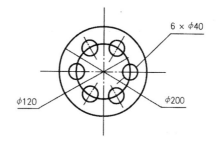

图1-2-14　连续排列的等长尺寸标注

图1-2-15　相同构造要素标注

尺寸分为总尺寸、定位尺寸、细部尺寸三种。绘图时，应根据设计深度和图纸用途确定所需注写的尺寸。

建筑物平面图、立面图、剖面图，宜标注室内外地坪、楼地面、地下层地面、阳台、平台、檐口、屋脊、女儿墙、雨篷、门、窗、台阶等处的标高。平屋面等不易标明建筑标高的部位可标注结构标高，并予以说明。结构找坡的平屋面，屋面标高可标注在结构板面最低点，并注明找坡坡度。有屋架的屋面，应标注屋架下弦搁置点或柱顶标高。

楼地面、地下层地面、阳台、平台、檐口、屋脊、女儿墙、台阶等处的高度尺寸及标高，宜按下列规定注写：

（1）平面图及其详图注写完成面标高，立面图、剖面图及其详图注写完成面标高及高度方向的尺寸，其余部分注写毛面尺寸及标高；

（2）标注建筑平面图各部位的定位尺寸时，注写与其最邻近的轴线间的尺寸；标注建筑剖面各部位的定位尺寸时，注写其所在层次内的尺寸。

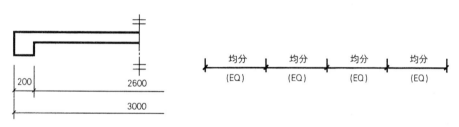

图 1-2-16 对称构件
省略画法的尺寸标注
图 1-2-17 连续重复
构配件尺寸表示

室内设计图中连续重复的构配件等，当不易标明定位尺寸时，可在总尺寸的控制下，定位尺寸不用数值而用"均分"或"EQ"字样表示，如图1-2-17所示。

6. 比例

建筑装饰装修工程制图选用的比例，宜符合表1-2-8的规定。

建筑装饰装修工程制图比例 表1-2-8

图名	比例
平面图、顶棚平面图	1：200、1：100、1：50
立面图	1：100、1：50、1：40、1：30、1：25、1：20
详图 （包括局部放大的平面图、顶棚平面图、立面图）	1：50、1：40、1：30、1：25、1：20、1：10
节点图、大样图	1：10、1：5、1：2、1：1

7. 符号

1）平面及立面索引符号

（1）一般规定

①在平面图中，进行平面及立面索引符号标注，应注明房间名称并在标

注上表示出代表立面投影的A、B、C、D四个方向，其索引点的位置应为立面图的视点位置，A、B、C、D四个方向应按上下左右排列。当出现同方向、不同视点的立面索引时，应以A1、B1、C1、D1表示以示区别，以此类推；当同一空间中出现A、B、C、D四个方向以外的立面索引时，应采用A、B、C、D以外的英文字母表示。

②平面图中A、B、C、D等方向所对应的立面按直接正投影绘制。

(2) 平面图、立面图索引符号见表1-2-9。

平面图、立面图索引符号 表1-2-9

平面	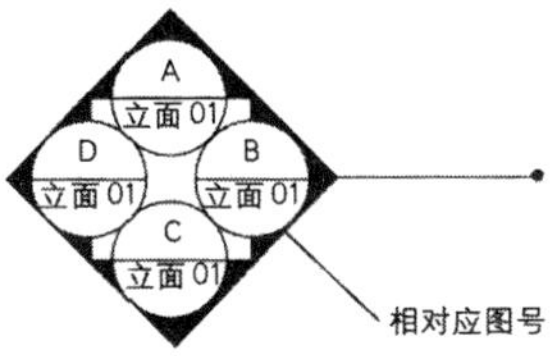 相对应图号	四个方向都需画立面时
	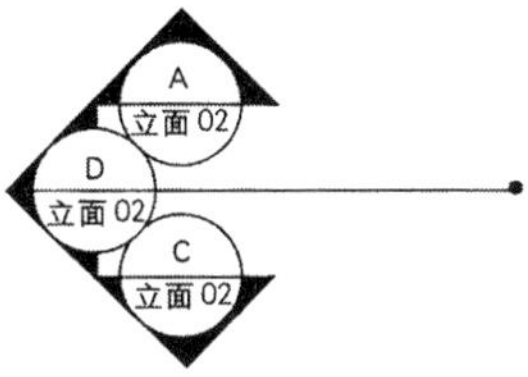	三个方向需画立面时
		独立面需画立面时

图表来源：胡虹. 室内设计制图与透视表现教程 [M]. 重庆：西南师范大学出版社，2006.

(3) 平面图、立面图索引符号使用图例见表1-2-10。

平面图、立面图索引符号使用图例 表1-2-10

平面		一个方向需画立面时
	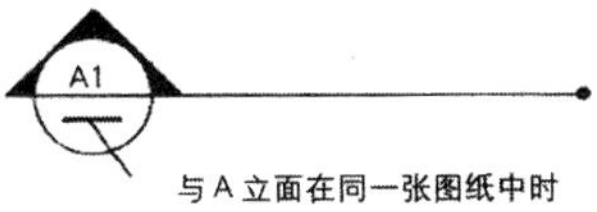 与A立面在同一张图纸中时	同一空间出现相同方向不同位置立面时
		同一空间出现A、B、C、D四个方向以外的立面索引时
		表示某一立面名称时

图表来源：胡虹. 室内设计制图与透视表现教程 [M]. 重庆：西南师范大学出版社，2006.

2) 剖切索引符号

剖切索引符号应采用罗马数字编号，如图1-2-18所示。

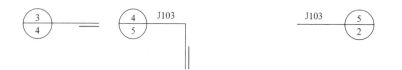

图1-2-18 剖切索引符号

图1-2-19 详图索引符号

3）详细索引符号

详图索引符号应以阿拉伯数字编号，如图1-2-19所示。

4）标高符号

（1）建筑装饰装修工程设计制图中，建筑绝对标高表示方法应符合现行《房屋建筑制图统一标准》GB/T 50001-2017中的相关规定。

（2）相对标高是指在特定的室内空间里，将地面装修完成面设定为±0.00，并以此为基准，标注该空间顶棚等其他界面高度的标高表示方法。

（3）相对标高符号的圆心应指至标注高度的位置。

（4）相对标高的数字应注写在相对标高符号的左侧或右侧。

（5）相对标高数字应以米（m）为单位，注写到小数点后第二位。

（6）零点相对标高应注写成±0.00。正数相对标高不注"+"号，但负数相对标高应注"-"号，例如：3，20，-0.48。

5）其他索引符号

其他索引符号应依照现行《建筑制图标准》GB/T 50104-2010中的相关规定标注。

三、建筑装饰施工图的绘制与阅读

（一）建筑装饰平面布置图

平面图是家装施工的主要图纸之一，是设计和施工过程中，室内装修、设备安装以及编制预算、备料等的重要依据。

1. 建筑装饰平面布置图的形成与内容

1）平面布置图的形成

建筑装饰平面布置图的形成与建筑平面图的形成相同，即用一个假想的水平面沿门窗洞口适当的位置将建筑形体剖切开，移去剖切平面以上的部分，将剖切到的和剩余的部分作正投影图，见图1-2-20。

2）平面布置图的内容

建筑装饰平面布置图的内容与建筑平面图有所不同。它是在建筑平面图的基础上，用来表达建筑室内的平面形状、布置、内外交通，以及墙、柱、门窗、家具、电器设备等构件和配件的位置、尺寸、材料和做法等内容的图样，必要时还需加以文字说明。建筑装饰平面布置图中需要绘制内视符号，用来表示装饰墙面的位置和投影方向，以及立面图的编号。同时它还包含了其他图样的关键内容。

2. 建筑装饰平面布置图的绘制方法

1）根据需要表达的内容和范围，确定图幅和比例，绘制底稿。室内设计平面图常用1：50、1：100、1：200的比例绘制。常用图名有：以室内特征命

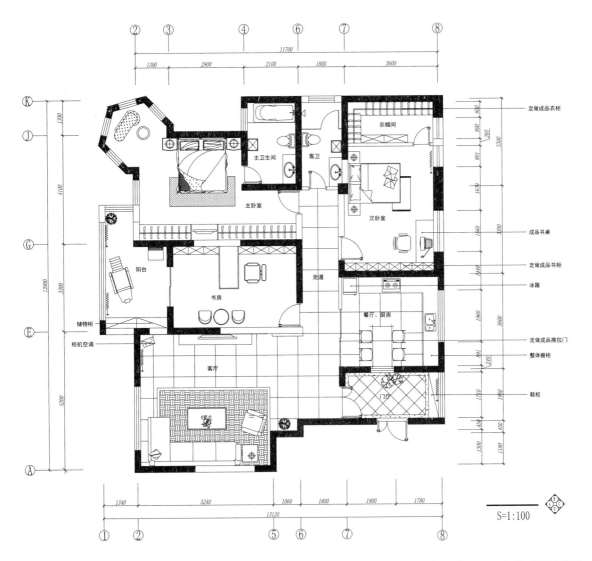

图1-2-20 平面布置图

名，如客厅平面图；以楼层命名，如底层平面图、二层平面图；以房屋名称命
名，如某某（先生、女士）房屋平面图、某某花园D幢三层平面图。

2）绘制建筑结构（与绘制建筑平面图相同），被剖切到的墙体轮廓用粗
实线绘制，门的开启线用中实线绘制，其余的建筑构造（如阳台、楼梯等）用
细实线绘制，承重构件的轴线用细单点长画线绘制。

平面图的图线（线型）：

平面图的轮廓线为粗实线——墙体、柱，线宽为b。

平面图中的门窗、家具、电器设备为中实线，线宽为$0.5b$。

平面图中其余的线则用细实线，线宽为$0.25b$。

平面图中的细部润饰线为超细实线，线宽为$0.15b$。

平面图的不可看见的轮廓线为细虚线，线宽为$0.25b$。

3）绘制地面装饰材料（如地板、地面砖及其他装饰材料）的形状及位置。

4）平面图的轴线编号

平面图中的中心线、定位轴线、对称线为细长点画线，线宽为0.25b。

平面图中的中心线、定位轴线、对称线的编号应注写在轴线端部的圆内。圆应用细实线绘制，直径为8～10mm。其编号横向为阿拉伯数字，按从左至右顺序编写，竖向为大写的拉丁字母，按从下至上顺序编写。

5）平面图的尺寸标注

平面图的尺寸分为总尺寸、定位尺寸、细部尺寸三种。绘图时，应根据设计深度和图纸用途确定所需注写的尺寸。

平面图标高可标结构标高，并予以说明。

平面图的尺寸标注应包括尺寸界线、尺寸线、尺寸起止符号和尺寸数字。

尺寸界线和尺寸线为细实线，线宽为0.25b。

尺寸起止符号应用中实线绘制，线宽为0.5b。

平面图的尺寸数字为中实线，线宽为0.5b。

6）标注剖面符号、详图索引标志

为了表示室内竖向的内部情况和关系，需要绘制室内剖面图，其剖切符号应在底层平面图中标出，其符号为"└ ┘"。其中表示剖切位置的"剖切位置线"长度为6～10mm；剖视方向线应垂直于剖切位置线，长度应短于剖切位置线，宜为4～6mm。如剖面图与被剖图样不在同一张图纸内，可在剖切位置线的另一侧注明其所在图纸的图纸号。

详图索引标志：为了标明某处部位需要画出详图，在该部位标出详图索引标志。

3．阅读建筑装饰平面布置图的方法

1）首先阅读各房间的功能，以便了解建筑装饰平面布置图的内容。

2）阅读各相关尺寸，要区分建筑结构尺寸和装饰布置尺寸。

3）阅读装饰设计中的文字说明，以便了解装饰材料、陈设位置以及设备、饰物规格，结合透视图阅读各陈设饰物的结构、色彩和形状。

4）阅读图中的内视符号，以便与装饰立面图对应。

5）阅读剖切符号、详图索引符号等，以便进一步了解装饰的设计与布置。

4．楼地面装饰平面布置图

楼地面装饰平面布置图投影原理及图示方法与建筑平面图相同，主要表达楼地面装修所用的材料名称、规格、具体造型以及做法、要求等。

楼地面装饰平面布置图在建筑平面图的基础上绘制装饰所用的材料，并以文字说明表示其材质、色彩和规格。图中需要标注与建筑平面图相同的尺寸、标高及相关符号等。

（二）建筑装饰立面图

1．装饰立面图的形成及内容

1）装饰立面图的形成

装饰立面图分为室内立面图和室外立面图。立面图是将房屋的室内外墙面按内视符号的指向所作的正投影图。

2）装饰立面图的内容

室内立面图是用来表达室内立面形状（造型）、室内墙面、柱、门窗、家具、电器设备等构件和配件的位置、高度、尺寸、材料和做法等内容的图样，是室内设计风格的体现。立面图是表现高度最为理想的图样，是室内设计施工的主要图纸之一，是确定墙面做法的主要依据，是设计和施工过程中，室内装修、设备安装以及编制预算、备料等的重要依据。

室内立面图一般需要表达吊顶及结构顶棚，如图1-2-21所示。

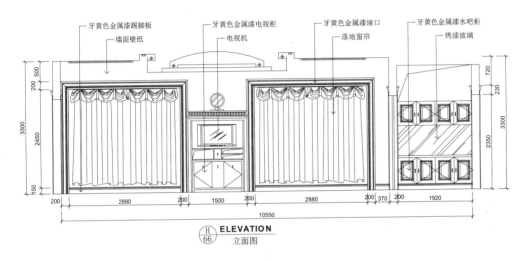

房屋室内立面图的名称应根据平面布置图中内视符号的编号（字母）确定。

图1-2-21 室内立面图示意（图表来源：峰和图库）

2．建筑装饰立面图的绘制标准

1）室内立面图的常用比例为1：50、1：100，可用比例为1：30、1：40、1：60等。室内立面图常用的三种命名形式：

（1）以墙面的特征命名，如将客厅电视墙命名为电视墙立面图。

（2）以墙面的朝向和图标命名，如东向立面图或A向立面图。

（3）以墙面的两端定位轴线编号命名，如①-②立面图，A—B立面图等。

2）立面图的图线（线型）

立面图的外轮廓线为粗实线，线宽为 b。地坪线加粗画出，线宽为1.4b。立面图中的门窗、家具、电器设备及凹凸于墙面的造型为中实线，线宽为0.5b。立面图中其余的线（尺寸标注、引出线等）则用细实线，线宽为0.25b。

立面图中的细部润饰线为超细实线，线宽为0.15b。

立面图不可看见的轮廓线为细虚线。线宽为0.25b。室内外立面图一般不绘制虚线。

3）立面图的轴线编号

立面图中的中心线、定位轴线、对称线为细长点画线，线宽为0.25b。

立面图中的中心线、定位轴线、对称线的编号应注写在轴线端部的圆内。圆应用细实线绘制，直径为8～10mm。其编号顺序横向为阿拉伯数字从左至右，竖向为大写的拉丁字母，从下至上。

4）立面图的尺寸标注

立面图的尺寸分为总尺寸、定位尺寸、细部尺寸三种。绘图时，应根据设计深度和图纸用途确定所需注写的尺寸。

立面图标高可标结构标高，并予以说明。

立面图的尺寸标注图样上的尺寸，包括尺寸界线、尺寸线、尺寸起止符号、尺寸数字和标高。

尺寸界线和尺寸线为细实线，线宽为0.25b。

立面图的尺寸数字为中实线，线宽为0.5b。

尺寸起止符号应用中实线绘制，线宽为0.5b。

3. 绘制建筑装饰立面图的方法与步骤

1）阅读相关的装饰平面图，查看所要表示立面图的内视符号、立面尺寸，以及室内陈设等，并布置各陈设的位置及准确的相对尺寸。

2）按照平面图的图示内容绘制某一立面图，尺寸标注可省略具体陈设物品的详细尺寸，因为这些详细尺寸可在具体详图中标注。并注意墙面各种材料的绘制及必要的文字说明。

4. 阅读建筑装饰立面图的方法

装饰墙面除相同外一般均需绘制立面图，图样的命名、编号应与平面布置图中的内视符号一致，内视符号决定室内立面图的阅读方向，同时也标出了图样的数量。

现以室内立面图为例，了解识读方法和步骤。

1）首先确定要读的室内立面图所在房间位置，按房间顺序、内视符号的指向识读室内立面图。

2）在平面布置图中明确该墙面位置有哪些固定家具和室内陈设等，并注意其定形、定位尺寸，做到对所读墙（柱）面布置的家具、陈设等有一个基本了解。

3）根据所选择的立面图了解所阅读立面的装饰形式及其变化。

4）详细阅读室内立面图，注意表面装饰造型及装饰面的尺寸、范围、选材、颜色及相应做法。

5）阅读立面图中的标高、其他细部尺寸、索引符号等。

（三）建筑装饰顶棚平面图

顶棚平面图是室内设计施工的主要图纸之一，是设计和施工过程中，室内装修、设备安装以及编制预算、备料等的重要依据。

1. 装饰顶棚平面图的形成及内容

1）装饰顶棚平面图的形成

装饰顶棚平面图（也称为顶面图）一般采用镜像投影绘制。

2）装饰顶面图的内容

装饰顶面图的主要内容包括：吊顶造型样式以及定形尺寸、定位尺寸、各级标高、构造、材料及做法，灯具样式、规格、数量及安装位置，空调送风口的位置，消防自动报警系统，与吊顶有关音响设施的安装位置及平面布置形式等。

装饰顶面图一般图样包括顶棚平面图、节点构造详图、装饰详图等。

顶面装饰要求表面光洁度好、美观、具有一定的反光的作用和效果，如图1-2-22所示。

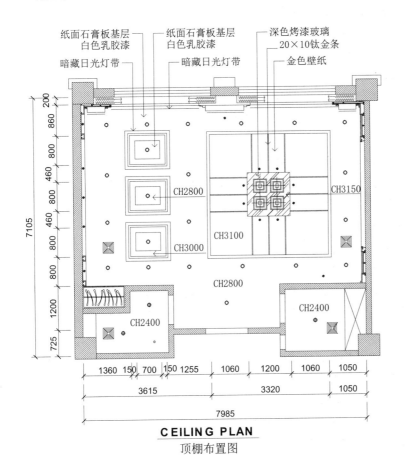

CEILING PLAN
顶棚布置图

图1-2-22 顶棚平面图示意（图表来源：峰和图库）

2. 建筑装饰顶面图的绘制方法

1）比例与图名

顶棚平面图常用1:50、1:100、1:200的比例绘制，与平面图的绘制比例相同。常用图名有（与室内平面图命名相同）：以室内特征命名，如客厅顶棚平面图；以楼层命名，如底层顶棚平面图、二层顶棚平面图；以房屋名称命名，如某某（先生、女士）顶棚平面图、某某花园D幢三层顶棚平面图。

2）顶棚平面图的图线（线型）

顶棚平面图的轮廓线为粗实线——墙体，线宽为b。

顶棚平面图中的造型、灯具、电器设备为中实线，线宽为$0.5b$。

顶棚平面图中其余的线则用细实线，线宽为0.25*b*。

顶棚平面图中的细部润饰线为超细实线，线宽为0.15*b*。

顶棚平面图的不可看见的轮廓线为细虚线，线宽为0.25*b*。

3）顶棚平面图的轴线编号

顶棚平面图的轴线编号与同一室内平面图相同。

顶棚平面图中的中心线、定位轴线、对称线为细长点画线，线宽为0.25*b*。

顶棚平面图中的中心线、定位轴线、对称线的编号应注写在轴线端部的圆内。圆应用细实线绘制，直径为8~10mm。其编号顺序横向为阿拉伯数字从左至右，竖向为大写的拉丁字母从下至上。

4）顶棚平面图的尺寸标注

顶棚平面图的尺寸标注原则与同一室内平面图相同。顶棚平面图的尺寸分为总尺寸、定位尺寸、细部尺寸三种。绘图时，应根据设计深度和图纸用途确定所需注写的尺寸。

顶棚平面图标高可标结构标高，并予以说明。

顶棚平面图的尺寸应包括尺寸界线、尺寸线、尺寸起止符号和尺寸数字。

尺寸界线和尺寸线为细实线，线宽为0.25*b*。

尺寸起止符号应用中实线绘制，线宽为0.5*b*。

顶棚平面图的尺寸数字为中实线，线宽为0.5*b*。

5）绘制灯具的安装图应根据顶棚的吊装造型、材料等相互联系考虑，并结合建筑装饰剖面图的设计与绘制总体构思而定位。同时，应结合所选的灯具类型在本图幅内绘制适当的"图例"。采用吊管、吊钩、支架时，管材为钢制，且直径不小于10mm，吊钩的销钉直径不小于6mm。

6）以每一层的室内地面标高标注顶棚造型的标高。

3. 阅读建筑装饰顶棚平面图的方法

以图1-2-22为例了解识读方法和步骤：

1）在阅读顶棚平面图之前，首先需要了解顶棚所在房间的平面布置图情况。

2）其次，还需要了解顶棚造型、灯具等底面标高。

3）依次阅读顶棚吊装尺寸及做法，同时，注意顶棚墙角有无角线；注意窗口有无窗帘盒；注意是否有在顶棚吊装的家具。

4）阅读阳台、雨篷的吊装与做法。

5）阅读其他构造（如空调、消防系统等）的安装位置及尺寸。

6）阅读各开间、进深等尺寸。

7）图中虚线部分表示吊顶内的暗装灯带。

（四）建筑装饰剖面图

剖面图主要用来表达室内内部结构、墙体、柱、楼梯、装饰造型、门窗、构件和配件的位置及各种做法、结构和空间关系。剖面图是室内设计施工的主要图纸之一，是设计和施工过程中，室内内部构造的重要依据。

1．建筑装饰剖面图的形成及内容

1）建筑装饰剖面图的形成

将某一建筑装饰墙面、局部墙面、顶棚面等剖切后经正投影得到的图样为建筑装饰剖面图。

2）建筑装饰剖面图的内容

建筑装饰剖面图主要包括墙身剖面图和吊顶剖面图，不同部位剖面图又可分为平面剖面图和立面剖面图。

（1）墙身剖面图

主要用来表示墙身在立面图中无法表达的表面装饰厚度及其具体做法，各个装饰构造与建筑结构之间的连接方式、固定位置尺寸以及不同材料之间的交接方式等。

由于各装饰面层的厚度尺寸较小，所以通常采用较平面图、立面图、剖面图大的比例绘图，如1∶20、1∶10、1∶5，甚至为了特殊需要或便于尺寸标注而采用1∶1或较小倍数的放大比例如2∶1、5∶1等。

（2）吊顶剖面图

吊顶材料可以为钢制龙骨吊架、铝合金压型薄板、筒灯、造型灯。

2．建筑装饰剖面图的绘制方法

1）绘图比例：根据立面装饰的复杂程度确定剖面图的绘图比例及表达范围。室内设计剖面图常用1∶20、1∶50、1∶100的比例绘制。

2）剖面图的图线（线型）

被剖到的部位为粗实线，线宽为b；没有被剖到的其余的部位则用细实线，线宽为0.25b。剖面图中的细部润饰线为超细实线，线宽为0.15b。自上而下采用粗实线绘制顶棚线、墙体轮廓线、地面线。采用中实线或细实线绘制墙面装饰层厚的轮廓线。依次标注装饰分段尺寸及总高尺寸。以文字说明注写装饰材料及厚度尺寸。对于在图中仍未表达清楚的局部结构可采用详图索引符号标注，并绘制各详图。

3）剖面图的轴线编号

剖面图中的中心线、定位轴线、对称线为细长点画线，线宽为0.25b。剖面图中的中心线、定位轴线、对称线的编号应注写在轴线端部的圆内。圆应用细实线绘制，直径为8~10mm。其编号顺序横向为阿拉伯数字从左至右，竖向为大写的拉丁字母从下至上。

4）剖面图的尺寸标注

剖面图的尺寸分为总尺寸、定位尺寸、细部尺寸三种。绘图时，应根据设计深度和图纸用途确定所需注写的尺寸。

标高是剖面图的主要作用之一，并予以说明。剖面图的尺寸标注应包括尺寸界线、尺寸线、尺寸起止符号、尺寸数字和标高。尺寸界线和尺寸线为细实线，线宽为0.25b。

尺寸起止符号应用中实线绘制，线宽为0.5b。

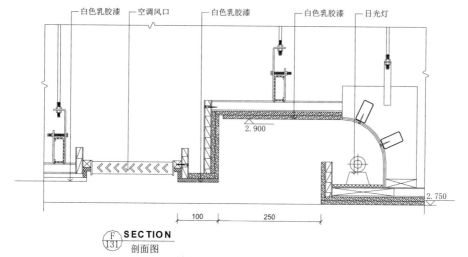

图 1-2-23 剖面图示意
(图表来源:峰和图库)

剖面图的尺寸数字为中实线，线宽为0.5*b*。

为了标剖面图的位置，应在被剖切的部位绘制剖切位置线，并用引出线引出索引标志。引出线所在的一侧应被视为剖视方向。

3．阅读建筑装饰剖面图的方法

以图1-2-23为例了解识读方法和步骤：

1）此图为一局部剖面图，应与顶棚平面图对应阅读其剖切位置。

2）顶棚装饰为悬吊式顶棚，由吊筋将吊挂件、龙骨与楼板相连接，下端镶嵌铝合金压型薄板（通常也称为面层）。隔层标高分别为2.900m、2.750m、2.500m。

3）阅读灯具的安装位置及尺寸，灯具的数量还需结合阅读顶棚平面图来了解。

4）阅读文字说明了解吊顶的材料、施工说明等相关问题。

（五）建筑装饰详图

1．建筑装饰详图的形成及内容

1）建筑装饰详图的形成

室内平面图、立面图、剖面图都是用较小的比例绘制的，主要用于表达室内全局性的内容，但对于室内细部或构件、配件的形状、构造关系等无法表达清楚。因此，在实际工作中，为详细表达室内节点及室内构件、配件的形状、材料、尺寸及工艺做法，而用较大的比例画出的投影图形，称为室内详图或大样图。装饰详图是提升装饰效果、完成难点装饰的重要依据，如图1-2-24所示。

2）建筑装饰详图的内容

根据建筑结构的不同，建筑装饰详图内容较多，诸如墙面节点详图、吊顶详图、装饰节点详图、装饰造型详图、楼梯间详图、卫生间及厨房详图、阳台及雨篷详图、家具详图、门窗构造详图、地面造型详图、家具小品饰物详图等。由于各省市都编有标准图集，故在实际工程中，有的详图可直接查阅标准图集。

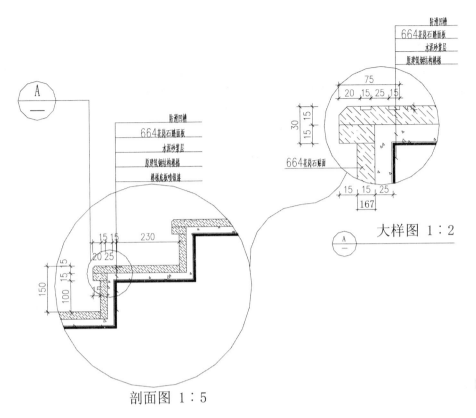

防滑凹槽
664花岗石踏面板
水泥砂浆层
原建筑钢结构楼梯

75
20 15 25 15
30
15 15

664花岗石贴面

15 15 25
167

大样图 1:2

A
—

防滑凹槽
664花岗石踏面板
水泥砂浆层
原建筑钢结构楼梯
楼梯底板喷银漆

15 15
230
20 25
150
100 15 15

剖面图 1:5

图 1-2-24 详图和大样
图示意

2．建筑装饰详图的绘制方法

1）详图的比例

详图的比例宜用1：1、1：2、1：5、1：10、1：20、1：50绘制，必要时，也可选用1：3、1：4、1：25、1：30、1：40等。

2）详图的图线（线型）

绘图时，建筑构造的轮廓线用粗实线绘制；各种材料的饰面轮廓线用细实线绘制，并标注必要的尺寸，用文字注写材料名称及具体做法。详图是提升装饰效果和细致装饰施工的指导性技术文件。

3）详图标志及详图索引标志

为了便于看图，常采用详图标志和详图索引标志。详图标志（又称详图符号）应画在详图的下方。详图索引标志（又称索引符号）则表示室内平、立、剖面图中某个部位需另画详图表示，故详图索引标志应标注在需要画出详图的位置附近，并用引出线引出详图标志，应以粗实线绘制，直径为14mm。

图1-2-24为放大详图索引标志。其水平直径线及符号圆圈均以细实线绘制，圆的直径为10mm。水平直径将圆分为上下两半，上方注写详图编号，下方注写详图所在图纸编号；如详图绘在本张图纸上，则仅用细实线在详图索引标志的下半圆内画一段水平线即可。

索引标志的引出线宜采用水平方向的直线或与水平方向成30°、45°、60°、90°的直线，或经上述角度再折为水平的折线。文字说明宜注写在引出线横线的上方，引出线应对准索引符号的圆心。

3．阅读建筑装饰详图的方法

装饰详图的绘制特点是比例较大，所要表达的图样范围较小，似乎比较简单，但是对于图样的要求更加精细，对于装饰材料的图例及说明要求更加详尽。正是因为局部构造需要进一步说明其做法，所以图样必须绘制严谨，尺寸标注也应完整。

阅读详图较容易，只有一点需要强调并注意：比例、详图索引符号与详图符号的对应关系必须一致。

一项优质的家装工程，离不开对装饰材料的精挑细选。

第三节　家装施工人员材料认知

设计（选用材料）——预算（材料创造价值）——施工（制作材料）

一、装饰材料的基本概念

根据材料的特性选择能表现设计、施工人员的预期装饰效果，用于建筑物内部与外部、起美化装饰作用的材料。

二、装饰材料的认知

装饰材料的运用应遵循一定的标准及原则，施工人员只有在充分了解装饰材料真正属性时才能很好地驾驭它。

天然装饰材料自身具有特殊的纹理图案，与其完全相同的图案是人工难以制造出来的，因此在使用时应尽量发挥其"自然"的品质。例如木材，它的纹理各种各样，每种木材的纹理都是独一无二的，可以因其物理属性，取得生动的艺术效果；同时，还可以在不破坏自然材料本身特殊纹理和色泽的情况下，通过打磨等方式即理性的组织方式，使纹理更加细腻，色泽更加柔滑，别有一番滋味。

相对于人工材料而言，施工人员要充分把握天然材料的属性特点，并加以适度感性的表现，使其最终的艺术效果附上感情的因素。在选择装饰材料时，要严格根据装修风格来选择，并采用正确的施工方法、技巧，创造出理想的居住环境。

近些年施工工艺也有了较大改进。家装中的饰面板安装，除采用传统的湿式工法，还运用了干挂法；裱糊工艺和喷涂、辊涂工艺的大量使用，带动了胶黏剂行业和涂料工业的快速发展。施工工艺的发展带动了装饰材料行业的发展，而装饰材料的选用又取决于采用何种施工工艺，因此它们是相辅相成、相互促进的。

装饰材料不再是单一的表现手段，而是对多种材料的综合运用，只有这样才能开发出更多的新型品种，在提高装饰性的同时赋予它更多的实用性。人们在选择时才能有更大的空间，使最终的创意效果更加新颖。

随着社会整体水平的不断提高，施工对材料的要求也更加苛刻，人们更希望居住在一个环保无污染的环境中，因此在生产过程中更应注重材料的成分。材料的环保化发展是必然的趋势。

总之，建筑装饰材料是建筑装饰工程的物质基础。装饰工程的总体效果及功能的实现，无一不是通过运用装饰材料及其配套设备的形体、质感、图案、色彩、功能等表现出来的。室内装饰是家庭建设的基本项目，其基础是选择正确的装饰材料，它是室内装修工程的物质保障。从古至今，装饰材料发生了翻天覆地的变化，相信在未来的日子里，装饰材料将会变得更加丰富。

三、装饰材料的基本功能

装饰功能：不同的装饰材料因颜色、花纹、光泽、形状、质感等不同，表现出的装饰效果也截然不同（如皮纹砖、仿墙纸砖、工艺瓷砖）。

保护功能：装饰材料能够保护建筑物的主体结构，延长建筑物的使用寿命。

调节功能：部分装饰材料具有调节空气、湿度、吸声、隔热、保温等多种调节功能（例如石膏板具有调湿、吸声等功能，配合轻钢龙骨还是一种防火材料）。

四、建筑设计装饰材料的特性功能

装饰材料品种多样，有各自的特点和美感，只有在设计、施工人员正确把握这些特点时才能很好地运用。同时，住宅空间对装饰材料有着特殊的要求，在选择装修材料时不能一味追求美观性，还应注重其实用性。

建筑不仅是人类赖以生存的空间，而且也是一个地区精神文明和物质文明的象征，现代建筑装饰更可以提升建筑物及其环境的艺术魅力，使人们的生活更舒适美好，所以装饰材料对于建筑空间有特殊意义。

各种装饰材料都具有以下基本性质：

1. 材料的物理性质，主要包括材料的密度、孔隙率、吸声性能等；

2. 材料的装扮性质，主要包括材料的色彩、透明透光性、形状尺寸大小、表面纹理等，充分利用其装扮性质，进行合理搭配，会使居住者产生舒心温暖的感觉，并为室内设计增添色彩；

3. 材料的防水性能，一些室内空间对材料有特殊的要求，如厨房、卫生间等对材料的防水性能要求严格，设计师只有根据不同空间采用相应的装饰材料，才能让装饰材料的使用功能和装饰功能同时发挥出来；

4. 材料与力学的有关性质，包括材料的强度、塑性和韧性等。装饰材料在运用时都会受到外力的作用，而不是简单地固定在那里。玻璃、陶瓷等容易破损，而钢材、铝材等具有很强的韧性，一般不容易变形，在选择装饰材料时要注意其力学特点。

五、装饰材料的分类

（一）装饰材料按材质不同分类

1. 硬质装饰材料：在装饰装修材料中占80%，为主要装饰材料，如瓷砖、石材、玻璃、金属装饰材料、木材、塑料等；

2. 软质装饰材料：在装饰装修材料中占20%，如水泥、砂、腻子粉、墙漆、油漆、胶黏剂等。

（二）装饰材料按种类不同分类

1. 天然材料：在装饰装修材料中占30%，如石材、木材、竹地板等。

2. 人造材料：在装饰装修材料中占70%，如瓷砖、复合地板、油漆、玻璃等。

（三）按装饰材料使用部位不同分类

1. 地面材料：如瓷砖、花岗石、木地板、地毯、塑胶地板、其他地面材料等。

2. 墙面材料：分为内墙材料（不可用于室外）和外墙材料（可用于室内）。

3. 顶棚材料：如石膏板、木材、金属扣板、铝塑板。

六、装饰材料的选用原则

（一）满足使用功能的原则

例如，一楼地面不适宜使用实木或复合地板，可用防潮性能好的竹地板替代。

潮湿多雨地区，如湖南地区不适宜大面积使用墙纸。

（二）确保材料供应的原则

例如，在设计中应尽量选择产地较近、供应量充足的装饰材料，材料产地过远或进口材料在设计时应谨慎选择。

（三）确保施工方便的原则

（四）确保经济性的原则

（五）符合装饰材料的未来发展趋势

向质量轻、强度高、无毒无味（环保性）、多功能、复合型（天然向人造转变）、工厂化的方向发展，例如，用木龙骨替代轻钢龙骨。

七、建筑装饰材料分类介绍

（一）石材

进口天然大理石由于地域不同，其所处的地理环境和地质条件均不相同。进口天然大理石在质地、颜色和纹理等方面均大大优于国产天然大理石，价格也较高。国产天然大理石集散地在广东省云浮市（如图1-3-1所示）。

1. 天然石材的加工

荒料（未加工）→大料（大板，粗加工）→规板（精加工）。

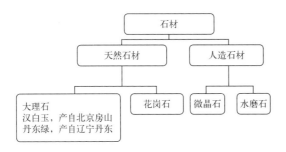

图1-3-1　石材的分类

2. 天然石材的特征

天然大理石一般表面为云雾状或条纹状花纹，也有部分为不规则的颗粒状花纹。部分天然大理石也为单色无花纹状表面。天然大理石表面纹理越美观，品相越好，材料越稀少，价格越高（例如，黑金砂表面的金砂颗粒越大越密集，价格越高）。天然花岗石表面一般为均匀规则的颗粒状花纹。

3. 天然大理石

1）天然大理石的命名

（1）产地+颜色。例如，广西白（图1-3-2）、英国棕（图1-3-3）、柏斯米黄（图1-3-4）、印度红（图1-3-5）、丹东绿（图1-3-6）。

（2）图案+颜色。例如，黑金砂（图1-3-7和图1-3-8）、啡纹网（图1-3-9和图1-3-10）、黄洞石（图1-3-11）、金花（线）米黄（图1-3-12和图1-3-13）、汉白玉（图1-3-14和图1-3-15）。

2）天然大理石的分类

（1）按表面光泽度不同分为镜面板（90%）和亚光板（10%）。

（2）按表面平整度不同分为平面板（90%）和粗面板（10%）。

（3）按加工方式不同分为普通板（90%）和异形板（10%）。

3）天然大理石的安装

（1）地面：水泥砂浆镶贴。

（2）墙面：钢结构干挂。

4）天然大理石的特征

优点：天然大理石品种繁多，花纹颜色多样，易清洁，耐用性好，装饰效果独特。装饰效果豪华气派，浅色大理石庄重、清雅，深色大理石华丽、高贵，深色和浅色的搭配装饰效果更为美观。

缺点：天然大理石抗风化能力差，易腐蚀，不宜用于室外装饰。其主要成分为$CaCO_3$，并且含有杂质，受到空气中CO_2、SO_2的作用后会生成易溶于水的硫酸盐，在空气中湿气的作用下，特别是酸雨的浸蚀，大理石的表面会很快失去光泽，变得粗糙多孔，其装饰效果受到很大影响。由于天然大理石自重较重，同时具有一定的放射性，在住宅装饰中不宜大面积使用。详情见产品"放射性检测报告"。

4. 天然花岗石

优点：天然花岗石（图1-3-16）由于成矿条件不同，材质比天然大理石更坚硬，表面更耐磨，使用年限可以达到100～200年，甚至更久。天然花岗石耐酸碱、耐腐蚀，耐候性优良，是一种既可用于室内又可用于室外的天然装饰石材。天然花岗石价廉物美，它不但色彩丰富，具有良好的装饰效果，而且价格远远低于天然大理石。

缺点：天然花岗石的放射性远远高于天然大理石，同时防滑性能较差，不宜在住宅装修中使用。

5．人造石材

现代装饰装修所使用的人造石材一般为聚酯型云石板材，常用的有微晶石（图1-3-17和图1-3-18）、云石灯片（图1-3-19和图1-3-20）、人造玉石（图1-3-21）三种。微晶石一般用于橱柜台面、家具台面以及部分造型，不适用于地面，耐磨性能较差。云石灯片一般用于透光顶棚或具有透光效果的局部装饰造型以及灯具等物件。人造玉石一般用于部分装饰构件或家具。

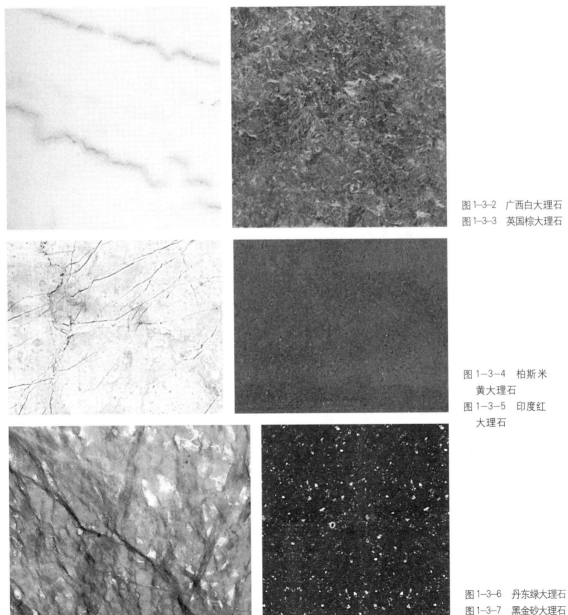

图1-3-2　广西白大理石
图1-3-3　英国棕大理石

图1-3-4　柏斯米
黄大理石
图1-3-5　印度红
大理石

图1-3-6　丹东绿大理石
图1-3-7　黑金砂大理石

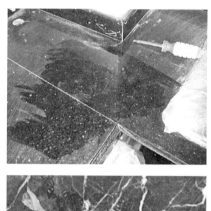

图 1-3-8 黑金砂大
　　理石橱柜台面
图 1-3-9 浅色啡纹
　　网大理石

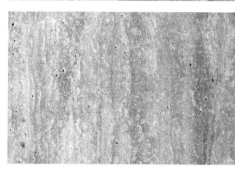

图 1-3-10 深色啡纹
　　网大理石
图 1-3-11 黄洞石

图 1-3-12 金花米黄
　　大理石
图 1-3-13 金线米黄
　　大理石

图 1-3-14 汉白玉
图 1-3-15 汉白玉栏杆

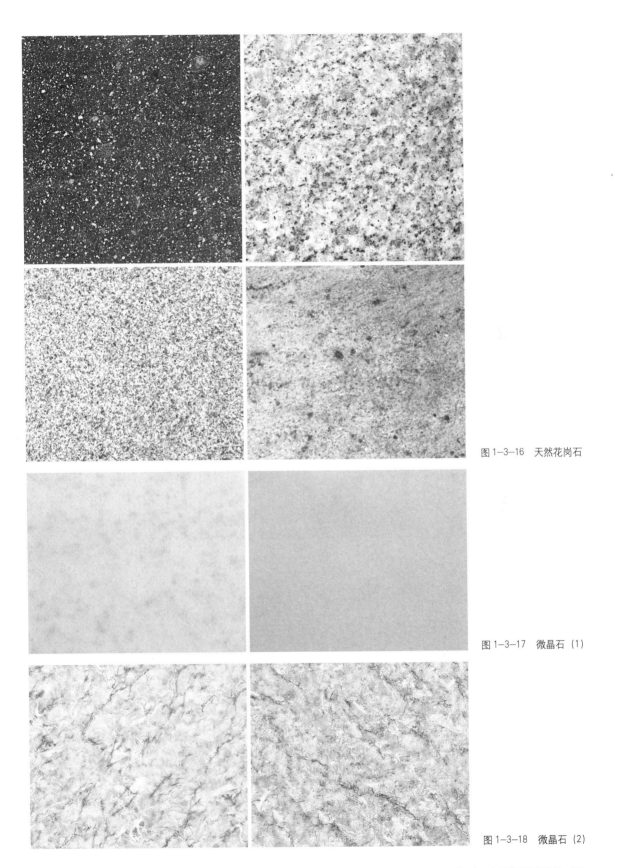

图 1-3-16 天然花岗石

图 1-3-17 微晶石 (1)

图 1-3-18 微晶石 (2)

图 1-3-19　云石灯片

图 1-3-20　透光云石
灯片

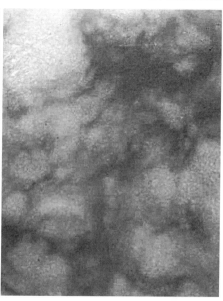

图 1-3-21　人造玉石

（二）建筑饰面陶瓷

1. 砖和瓷砖的基本概念

砖分为砌砖和面砖。砌砖是水泥炉渣或陶泥产品，它是建筑物的重要砌块，一般用来构筑建筑结构框架。面砖一般为精瓷产品，颜色丰富，品种多样（图1-3-22皮纹砖、图1-3-23仿墙纸砖），常用于建筑结构的表面装饰，它由墙面砖、地面砖、锦砖（马赛克）、琉璃制品四大类产品组成。

瓷砖强度高，耐磨性好，具有良好的防水、防滑、耐腐蚀、易清洁等特性，同时装饰效果极佳，耐久性较好，对建筑物的保护性好，且价格适中，广泛地应用于室内外装饰装修的墙面和地面，是建筑装饰中一种重要的饰面装饰材料。

2. 瓷砖的分类

瓷砖按使用部位的不同分为墙砖和地砖两种。墙砖分外墙砖和内墙面砖（图1-3-24）。外墙砖是建筑物室外墙面大量使用的一种质优价廉的陶瓷薄板装饰面砖，一般有长方形和正方形两种，常规采取平行铺贴和错缝铺贴。内墙面砖是建筑装饰中室内墙面大量使用的一种精瓷制品，也称釉面砖。内墙面砖包含内墙砖、花片、腰线、阴阳角砖（图1-3-25）。内墙砖颜色、图案、纹理丰富，光泽度好，是一种优质的室内墙面饰面材料，在设计中广泛地用于潮湿、易脏污的室内场所。

3. 装饰装修中常用的五大类瓷砖

釉面砖（图1-3-26，主要指墙面砖）是一种陶瓷或精瓷的薄片状装饰饰面砖，主要用于墙面的大面积装饰和局部重点装饰。仿古砖既可用于墙面也可用于地面，由于价格适中，整体装饰效果极佳，在现代住宅装饰装修中广泛使用。

通体砖（图1-3-27）由瓷土烧制而成，表面不上釉，正面和背面的材质颜色一模一样。现代装饰中，厨房、卫生间地面广泛使用的价廉物美的防滑地面砖即通体砖。

抛光砖（图1-3-28）是在普通瓷砖的表面上釉而形成一种表面光泽度较高的地面砖。抛光砖质地坚硬，耐磨度较差，表面有很多气孔，容易脏污。

玻化砖（图1-3-29）是一种强化的抛光砖，它是在瓷砖的表面进行玻化处理，质地更坚硬更耐磨，光滑的表面容易清洁，但是价格较高，是现代住宅装饰中地面广泛使用的一种中高档地面装饰材料。

锦砖与琉璃制品：锦砖俗称马赛克，它是由各种颜色的几何形状的小块瓷片粘贴在牛皮纸或塑料网格上形成的色彩丰富、装饰效果独特的中高档装饰饰面材料，又称为纸皮砖。马赛克耐酸碱耐磨损，装饰效果极佳，但造价较贵，目前常见的马赛克有陶瓷马赛克（图1-3-30）、金属马赛克（图1-3-31）、玻璃马赛克（图1-3-32）。琉璃制品（图1-3-33），以琉璃瓦为代表的琉璃制品是中国传统的建筑装饰材料，琉璃自重较重，价格较高，但是装饰效果古朴、庄重，对中国古典建筑或园林起着重要的装饰作用。

4. 瓷砖的专用名词

1）等级：衡量瓷砖品种优良的重要符号，好的瓷砖一般为优等品。一等品或二等品一般来说就是等外品。

2）色号：代表同一品牌、同一规格、同一批次、瓷砖颜色差别的符号，一般用阿拉伯数字表示。

5. 判断瓷砖优劣的方法

1）看

取4片相同的墙砖，紧贴摆放，观察大小是否一致，是否有色差。优质的瓷砖厚度较厚，侧面观察有明显的釉面层。

取两片地砖，正面重叠，观察是否有中心拱背、边角翘曲。

2）敲击（墙砖、地砖）

敲击瓷砖表面，声音清脆表示该瓷砖瓷质较好，敲击声音沉闷或出现钝音，表示该瓷砖材质较差，不能选用。

3）滴水试验（墙砖）

在瓷砖的背面滴一滴水，吸收越慢代表该瓷砖密度越大，质量越好。

4）刮擦（仅限地砖）

用硬物刮擦地砖的表面，若表面出现划痕，则表示该地砖表面施釉不足，耐磨性较差。

（三）水泥和混凝土

钢材、木材、水泥称为建筑三大材料。

1. 水泥的基本概念

水泥是一种水硬性胶凝材料，加水后凝结硬化并保持和发展其强度。目前土木建筑和装饰装修使用的水泥为普通硅酸盐水泥。

2. 水泥的规格

标号：325、425、525、625。

标号代表着水泥的强度等级，数值越大强度越高。

325水泥用于装饰装修；425水泥用于土木建筑；525水泥用于公路桥梁；625水泥用于水库大坝。水泥砂浆：水泥+中砂+水；普通混凝土：水泥+石子+粗砂+水；钢筋混凝土：水泥+石子+粗砂+钢筋+水。

标号325的水泥在一般情况下防寒、抗冻凝、固硬化等各项指标以及结构强度均能满足装饰装修工程施工的要求，同时对瓷砖、石材等装饰材料的损耗性最低。

3. 水泥的初凝和终凝

一般情况下，水泥的初凝时间约为3～5h，终凝时间为10～16h，天气原因会造成初凝和终凝时间延长。

4. 家装中常用水泥沙浆标准配比

1）砌各类墙体和粉饰用1∶2的水泥砂浆。

2）墙面封闭线槽和地面找平用1∶1的水泥砂浆。

3）贴墙砖用2∶1的水泥砂浆，严禁用幼灰（纯水泥）镶贴墙砖。

4）铺贴地砖用1∶3的干性水泥砂浆。

图 1-3-22　皮纹砖

图 1-3-23　仿墙纸砖

花片

内墙砖

腰线

图 1-3-24　内墙面砖

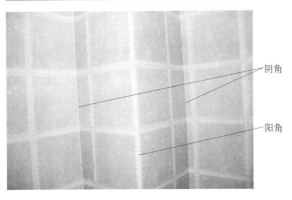

阴角

阳角

图 1-3-25　阴阳角

图 1-3-26 釉面砖
图 1-3-27 通体砖

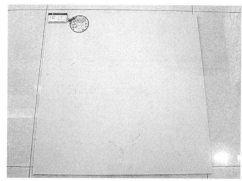

图 1-3-28 抛光砖
图 1-3-29 玻化砖

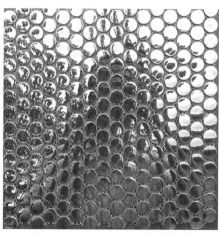

图 1-3-30 陶瓷马赛克
图 1-3-31 金属马赛克

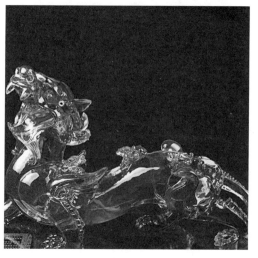

图 1-3-32 玻璃马赛克
图 1-3-33 琉璃制品

（四）建筑装饰玻璃

1. 玻璃的发展

现代建筑玻璃正由过去的单一采光功能向多用途、多功能、多品种方向发展，现代装饰玻璃除了采光之外还具有隔声、隔热、防辐射等功能。在现代装饰设计中，工艺玻璃已经达到了功能性和装饰性的完美统一。

2. 玻璃的分类

1）玻璃按性能不同分为普通玻璃和特种玻璃。

2）按用途分为建筑玻璃、器皿玻璃。

3）按形状分为平面玻璃、曲面玻璃。

3. 玻璃的特性

玻璃透光又透色，隔声又隔热，耐酸碱，易清洁，但是玻璃属于脆性材料，在冲击和振动时容易破碎。

4. 装饰装修中常用玻璃种类

1）普通平板玻璃（图1-3-34，又称原片玻璃）：经切割、磨边、打孔工艺制成，是目前生产量最大、使用量最高的一种建筑装饰玻璃，是深加工成其他各种玻璃的基础材料，最大规格3m×4m。普通平板玻璃常用厚度有3mm、5mm、7mm、10mm、12mm、15mm。

2）磨砂玻璃（图1-3-35，又称喷砂玻璃或毛玻璃）：是用机械喷砂和研磨的方式使普通平板玻璃表面变得粗糙，从而使光线产生漫射，透光不透视，使室内的光线眩目但不刺眼的一种装饰玻璃。在装饰设计中可用于总经理办公室、财务室以及卫生间、沐浴房等空间，常用于隔断、墙面造型、透光顶棚等装饰部位。

3）镜面玻璃（图1-3-36，俗称水银镜）：是在普通平板玻璃背面掺加水银，经过机械研磨而制成的一种特殊装饰玻璃。现代装饰设计中常用的镜面玻璃有银镜、茶镜、蓝镜、绿镜四种。镜面玻璃在装饰装修中常用来形成空间扩展的错觉，它能造成使狭窄的空间面积成倍增加的感觉，在装饰装修中是一种重要的装饰附件。

4）雕花玻璃（图1-3-37，又称刻花玻璃或浮雕玻璃）：在普通平板玻璃上用化学腐蚀的方法刻制出各类图案或花纹，从而在装饰中使玻璃有明显的主体层次感。雕花玻璃图案丰富，装饰效果美观，广泛应用于住宅、商业空间、娱乐场所、办公室空间等现代建筑装饰设计。

5）镭射玻璃（图1-3-38，又称激光玻璃）：是通过对普通平板玻璃进行特殊深加工（如添加镭射粉，图1-3-39），令玻璃表面呈现五光十色的动态三维立体图案，在光影的条件下，装饰效果更为独特。镭射玻璃广泛用于KTV、演艺厅、酒吧等娱乐场所以及部分展会空间。

6）钢化玻璃（图1-3-40，又称强化玻璃）：是安全玻璃的一种，它是将普通平板玻璃加热到一定温度后，迅速冷却进行特殊处理和加工而形成的一种特种玻璃。单块玻璃使用面积超过1.5m²，必须使用安全玻璃。夹胶玻璃为安全玻璃的一种。普通玻璃经钢化处理后，抗冲击性大大提高，玻璃破碎时，先出现网状裂纹，破碎后玻璃碎块呈颗粒状，无棱角，不尖锐，不伤人。钢化玻璃由于加工工艺特殊，只能一次成型，不能二次加工，尺寸、打孔都需要在定制时事先说明。

（五）玻璃砖与玻璃马赛克

玻璃砖（图1-3-41）有空心和实心两种，厚度为80～100mm，为正方形，抗冲击性、耐压强度非常高，同时能隔声、隔热、防火，具有良好的装饰效果，透明度较高，在装饰中有"透光"的美誉，广泛地应用于中高档住宅隔断以及部分酒店、写字楼等建筑装饰装修的隔墙和造型部位。

玻璃马赛克又称为玻璃锦砖，是一种装饰效果极佳的高档装饰材料，但价格较贵。单块玻璃为正方形或长方形，尺寸有20mm×20mm、30mm×30mm、40mm×40mm等。玻璃马赛克色彩繁多、花色多样，不同的颜色可以拼成各种装饰图案，装饰效果独特美观。

（六）木质装饰材料

1．木材的分类

1）按木材的树种分类

针叶树：树叶细长如针，多为常绿树，树干高而直。木质较软，一般称为软木（如杉木、柏木、松木）。针叶树的木材一般用于建筑领域，装饰装修仅作为基层龙骨和框架材料使用。

阔叶树：树叶宽大，呈片状，树干短而粗。木材强度较高，木质较硬，一般称为硬木（如枫木、桦木、桃木、橡木）。阔叶树的木材强度较高，不易变形，耐磨性好，纹理多样，色彩美观，广泛用于装饰装修工程和实木家具的制作。

2）按木材加工程度不同分类

原条（未加工）：树木切除根部和顶部，未按任何尺寸加工的原始木材。

原木（粗加工）：在原条的基础上进行初级加工而成的木材。

锯材（精加工）：在原木的基础上按设计和使用的规格尺寸，通过机械加工而制成的精细木材制品。目前，装饰装修中所使用的木线、板材均为锯材类。

3）按木材使用形状及要求分类

方材、板材、线材。

2．木材的特点

1）优点

（1）质量轻，强度高，弹性和韧性好；

（2）易加工，握钉力强，抗冲击和抗振动性好；

（3）装饰效果美观、自然；

（4）为天然材料，无污染；

（5）对声电的传导性小，具有良好的调节功能；

（6）耐久性好。

2）缺点

（1）易腐朽、易变形；

（2）易燃烧、易虫蛀；

图 1-3-34 普通平板
玻璃
图 1-3-35 磨砂玻璃

图 1-3-36 镜面玻璃
图 1-3-37 雕花玻璃

图 1-3-38 镭射玻璃
图 1-3-39 镭射粉
图 1-3-40 钢化玻璃

图 1-3-41 玻璃砖

图 1-3-42　大芯板
图 1-3-43　胶合板

图 1-3-44　木纹面板

图 1-3-45　白影
图 1-3-46　榉木

图 1-3-47　泰柚
图 1-3-48　水曲柳

（3）生长周期较长。

用于吊顶的龙骨木方必须涂满两遍以上防火涂料。

开关、插座严禁安装在B2、B3级材料上。

材料按可燃性划分等级如下：

A级：不燃；B1级：难燃；B2级：可燃（木材）；B3级：易燃。

3. 木质装饰板材

细木工板也称为大芯板（图1-3-42）或木芯板，由3层组成，中间层为原木条芯层，两面为木质薄板，单块1.22m×2.44m，厚度18mm或15mm。大芯板是装饰装修中重要的框架材料，但不能直接作饰面使用。18mm厚的作承重框架构件，15mm厚的作连接构件。大芯板强度高、变形幅度小、易加工，一般用于室内装饰中木质构件、家具制作、局部造型等基层框架，也是门扇制作的基础材料。

大芯板按甲醛释放量分为E0、E1、E2级，数字越小环保性能越好，按照国家相关标准要求，普通民用住宅装饰装修必须使用E0、E1级的板材，严禁E2级的大芯板用于装饰装修。

大芯板质量等级分为优等品、一等品、合格品。

胶合板（图1-3-43）：原木薄片经旋切再经过干燥后，胶粘热压而形成的一种木质装饰板材，一般按奇数层数组合而成，也称夹板。目前常用的胶合板有三夹板、五夹板、九夹板、十二夹板。

胶合板有红面和白面两种。一般来说，白面的胶合板优于红面，由于采用多层交错粘接，因此不变形，强度、抗拉能力大大增强，同时胶合板在施工中使用方便，易于切割、连接和制作。三夹板一般用于饰面，五夹板和九夹板一般用于家具的背板、装饰构件的基层以及部分衬底，十二夹板一般用于家具抽屉的重要框架。

木纹面板（图1-3-44）：是在三夹板的表面粘贴一层原木微薄贴片而形成的一种中高档饰面木质装饰板材。根据木纹表面粘贴的微薄贴片的不同，木纹面板分为天然板、科技板（人造板）两种，天然板的纹理、颜色均有区别，科技板的纹理、颜色完全一致，无需选择。木纹面板装饰效果美观、种类繁多，大大地节约了林木资源。木纹面板按表面颜色分为浅色木纹面板和深色木纹面板两种。

浅色木纹面板：白枫、白橡、白影（图1-3-45）、白榉（图1-3-46）、白胡桃等。

深色木纹面板：黑胡桃、紫檀、泰柚（图1-3-47）、斑马等。

中性色调木纹面板：水曲柳（图1-3-48）、红榉、红胡桃、红影等。

在装饰设计中，浅色和深色木纹面板的搭配使用立体感更强，装饰效果更佳。

木质纤维板：是以植物纤维为原料，经过胶压热合而成的一种装饰用木质板材。现代住宅装修中，常用的澳松板（图1-3-49）、欧松板（图1-3-50）与大芯板厚度差不多，既可用于框架又可用于饰面）均属于木质纤维板。

4. 实木工艺线（亦称木线、封边封口线）

实木工艺线是室内装饰木作工程中不可缺少的附件，具有封闭木质板材的裁口和装饰美化两大作用。实木工艺线一般选用结构细密的优质木材，经干燥处理、机械加工制作而成，分为平面线和异面线，常常与木纹面板配套使用。

5．木方（图1-3-51，即木龙骨）

常用规格3cm×4cm的杉木方。选购木方应选择单排木方，双排木方（图1-3-52）不利于观察木方是否有边线残缺等质量问题。

6．木地板

1）实木地板（图1-3-53）

价格200～500元/m²，厚度2cm左右，架空铺设（空铺）。

按加工、安装方式不同分为企口实木地板（90%）、平口实木地板（10%）。按表面的油漆饰面不同分为漆板（淋漆工艺，90%）、素板（10%）。

目前装饰装修所使用的实木地板均为硬木实木地板，木材材质坚硬，强度较高，耐久性好，纹理美观。常用的实木地板种类有重蚁木、二翅豆、沙贝利等。实木地板耐潮性较差，易虫蛀，因此一般采用架空铺设的安装方式，并应进行防潮防蛀的处理。

实木地板优劣的判别及选择方法：

（1）掂：取两片同样规格尺寸的实木地板，越重材质越好、强度越高，越轻材质则越差。

（2）套合榫槽：取两块同种类、同规格的实木地板将榫槽套合，榫槽结合严密，表示该实木地板加工方式优良。

（3）观察：观察实木地板的表面是否平整光滑、有无黑点（霉变）以及惯穿性裂纹。实木地板背面需有抗变形槽。

（4）掐：用指甲掐实木地板表面，如果有掐痕表示该实木地板油漆的漆膜较薄，耐磨性差。

2）复合地板（图1-3-54）

价格50～150元/m²，实铺。

又称强化地板，是一种替代实木地板的中低档人造地面材料，一般由面层、芯层、底层三部分组成，面层为装饰耐磨层，芯层为三聚氰胺层，底层为平衡缓冲层。复合地板由于铺装简便，价格低廉，整体效果较好，在现代装饰装修中广泛使用。

复合地板按材质分为普通复合地板、多层复合地板、仿实木复合地板，按表面不同分为光滑面和粗糙面两种，按油漆亮度不同分为亮光面和亚光面。复合地板厚度有7mm、12mm两种，在设计中应尽量使用12mm厚度的复合地板。

3）竹地板（图1-3-55）

价格200元/m²左右，实铺或空铺。

是由生长期3年以上的楠竹经过下料、烘干、漂白、防蛀、防霉处理，胶合热压而成的一种天然地面装饰材料。竹地板抗压和抗拉强度非常高，耐磨性和耐久性非常好，耐水性强，变形率小，同时基本无色差，装饰效果自然古朴、清雅美观。

（七）地毯

1．地毯的基本概念

地毯是对一切软性铺地织物的统称，是以棉、麻、羊毛以及合成纤维为原料，经手工或机械编织加工而成的一种高档地面材料，颜色丰富、图案美观、质地高档、脚感舒适。纯羊毛地毯是世界公认的高档地面饰面材料。羊毛原产地有澳大利亚、新西兰。

2．地毯的种类和使用等级

地毯按设计要求、使用环境装饰等级分为三个级别：

1）一般专用级：用于各类办公室及过道、住宅、楼梯等部位或特殊的场所（浴室、游泳池等）。

塑料地毯（图1-3-56）：是用PVC、聚胺酯加工而成的一种低档地面材料，由于其独特的防水功能和耐擦洗性，广泛地应用于室内外或潮湿的室间场所。

化纤地毯（图1-3-57）：是用尼龙、涤纶等人造纤维经机械加工纺织而成的一种中低档地毯材料，它是目前装饰装修中用量最大的地毯种类。

2）重度商用级：一般用于各类中高档公共建筑、餐饮环境、娱乐空间以及高档住宅。

混纺地毯：用部分羊毛和人造纤维缝合编织而成的一种中高档地毯种类，装饰效果和质感可接近羊毛地毯的要求，但是价格和成本大幅降低。

3）豪华使用级：一般用于五星级酒店、高档会所、贵宾楼或其他重要的场所。

纯羊毛地毯（图1-3-58）：以绵羊毛为原料，用手工和机械共同编织而成的一种高档地毯种类，脚感非常舒适，装饰效果极佳。

3．地毯的特点

1）优点

（1）良好的吸声功能

在装饰装修工程中，地毯是一种良好的吸声材料，在部分具有隔声和吸声的空间中常常作为地面的首选设计材料（例如，KTV、影剧院、会议室）。

（2）感观舒适

地毯不仅视觉美观，同时由于是纺织面料，脚感非常舒适。

（3）极佳的调节功能

地毯不但能够调节使用空间的湿度，同时具有极佳的保温功能。

2）缺点

（1）易脏污、难清洁；

（2）耐燃性差（B2级）；

（3）易产生静电。

八、壁纸

（一）壁纸的基本概念

壁纸（图1-3-59）也称为墙纸，是以布或纸为基材在表面进行涂层印花等多种工艺制作而成的一种内墙裱糊材料。墙纸一般分为对花和不对花两种，按表面的平整度不同又分为平面墙纸和立体墙纸。墙纸一般为小幅卷材类，幅宽0.5～0.6m，单卷长度一般为10m，也有部分加长的规格，单卷长度会达到

30m。对花的墙纸装饰效果远远好于不对花的墙纸，但损耗量较大。

（二）装饰装修中常用壁纸种类

1. 塑料壁纸（图1-3-60）：在墙纸的表面刷PVC涂层，再进行压花、印花等工艺。塑料壁纸耐磨、耐折、耐擦洗，同时花纹颜色繁多，是目前产量最大，装饰装修用量最多的一种壁纸。

2. 金属壁纸（图1-3-61）：是在普通壁纸的表面粘贴金属薄膜而形成的装饰效果独特的一种特殊壁纸，分为金色和银色两种。金属壁纸装饰效果金碧辉煌、灿烂炫目，在设计中常用于高档公共建筑室内墙面和局部的重点装饰。

3. 荧光壁纸（图1-3-62，又称为夜光壁纸）：是在普通壁纸的表面刷荧光涂层而形成的，在自然光环境下与普通壁纸没有差别，但在黑暗条件下能够发光的一种特殊工艺壁纸。在设计中，常用于公共建筑的娱乐空间、演艺场所以及住宅中的卧室。

（三）壁纸的特点

1. 优点

（1）施工简便，应用范围广。

（2）装饰效果独特，是装饰设计风格环境营造的重要手段之一。

（3）属于一种环保低毒的产品。

2. 缺点

壁纸对基层的含水率要求较高，使用年限较短。

九、吊顶装饰材料

1. 吊顶的基本概念

吊顶又称为顶棚，由骨架材料和饰面材料两部分组成。骨架材料俗称吊顶的龙骨，它是顶棚重要的支撑构件。吊顶的龙骨按材质不同分为轻钢龙骨、木龙骨、铝合金龙骨三种，其中轻钢龙骨和木龙骨属于隐蔽式安装，铝合金龙骨属于外露式安装。

2. 吊顶的分类

按吊顶的材质分为石膏板吊顶、玻璃吊顶、木质吊顶、扣板吊顶等。

按吊顶的形状分为平层（平面式）吊顶、井格式吊顶（又称格栅式吊顶）、悬吊式吊顶、多级艺术吊顶等几类。

1）平面式

平面式吊顶是指表面没有任何造型和层次，顶面构造平整、简洁、利落、大方，材料也较其他吊顶形式节省，适用于各种居室的吊顶。它常用各种类型的板材拼接而成，也可以表面刷浆，喷涂，裱糊壁纸、墙布等（刷乳胶漆推荐石膏板拼接，便于处理接缝开裂）。用木板拼接要严格处理接口，一定要用水中胶或环氧树脂处理。

2）凹凸式（通常叫多级艺术吊顶、造型顶）

凹凸式吊顶是指表面具有凹入或凸出构造的一种吊顶形式，这种吊顶造型复杂，富于变化，层次感强，适用于门厅、餐厅等顶面。它常常与灯具（吊灯、吸顶灯、筒灯、射灯等）搭配使用。

3）悬吊式

悬吊式吊顶是将各种板材、金属、玻璃等悬挂在结构层上的一种吊顶形式。这种吊顶富于变化动感，给人一种耳目一新的美感，常用于宾馆、音乐厅、展馆、影视厅等，常通过各种灯光照射呈现别致的造型，充满光影的艺术趣味。

4）井格式

井格式吊顶是利用井字梁或为了顶面造型所制作的假格梁，配合灯具以及单层或多种线条，达到丰富顶棚的造型或对居室进行合理分区的目的。

5）玻璃式

玻璃式吊顶是利用透明、半透明或彩绘玻璃作为室内顶面的一种形式，主要是为了采光、观景和美化环境。可以做成圆顶、平顶、折面顶等形式，给人以明亮、清新、室内见天的神奇感觉。

3. 吊顶的龙骨材料

1）木龙骨

用3mm×4mm的木方作为基材是吊顶龙骨的重要组成方式，特别是异形吊顶和局部吊顶造型，木龙骨往往起着重要的作用，木方制作整体木龙骨一般采用开半槽套合连接的组装工艺。

按照国家标准相关要求，木龙骨用于吊顶必须涂两遍以上防火涂料。

2）轻钢龙骨

用镀锌钢板采用冷弯的加工工艺制作出来的薄壁型钢，分为吊顶轻钢龙骨（图1-3-63）和隔墙轻钢龙骨（图1-3-64），吊顶轻钢龙骨按强度不同又分为普通吊顶轻钢龙骨和可上人轻钢龙骨。

（1）轻钢龙骨的特点

轻钢龙骨质量轻，强度高，防火防振，同时施工简单，操作方便，最重要的是它以钢代木，节约自然资源。

（2）轻钢龙骨的组成

轻钢龙骨由吊筋和龙骨组成，吊筋一般为$\phi 6$、$\phi 8$圆钢，一端为膨胀螺栓，一端为连接件。吊筋是连接原建筑顶面与轻钢龙骨架及石膏饰面板的重要支撑构件。轻钢龙骨分为主龙骨、次龙骨、边龙骨三大类：主龙骨用于连接吊筋和次龙骨，并保证整体龙骨架的水平；次龙骨用于连接整体骨架和饰面板材，是纸面石膏板的固定龙骨；边龙骨用于整体骨架与四周墙面的连接固定。

3）铝合金龙骨

铝合金龙骨（图1-3-65）是用铝材与其他合金材料用模具冲压制作而成的一种外露金属龙骨，主龙骨为"T"型龙骨，即横向和纵向安装龙骨，边龙骨为"L"型龙骨。铝合金龙骨一般为银白色和浅灰色，是配套装饰石膏板的专用龙骨，装饰性好，质量轻，强度高，防火防腐。铝合金龙骨加纸面石膏板为活动式吊顶的安装方式，在设计中无需设置检修口，具有良好的隔声功能，同时价格低廉。

4．吊顶的饰面材料

石膏饰面材料：高强度纸面石膏板、装饰石膏板、石膏花饰线。

1）纸面石膏板是以石膏为芯层，双面用专用厚质纸作覆面加工而成的一种高强度的石膏装饰饰面板材。纸面石膏板的宽度为1.2m，长度为1.8～3.6m（以0.3m为进制），厚度为9mm、12mm、15mm、18mm。住宅装饰装修设计应选用12mm或15mm厚的纸面石膏板。高强度纸面石膏板可锯、可刨、可钉，且强度较高，具有良好抗弯、抗冲击等性能，目前在建筑装饰装修中广泛使用。

2）装饰石膏板为正方形，尺寸为0.5m×0.5m、0.6m×0.6m，厚度为9mm、11mm，按表面装饰效果不同分为平面多孔板、花纹板、浮雕板三大类，装饰石膏板配套铝合金龙骨使用，线条清晰，尺寸统一，施工方便，价格低廉，同时具有良好的吸声、防水、调节湿度等多种功能，常用于公共建筑、教学环境、销售卖场、办公场所等的顶面装饰。

3）石膏装饰线立体感强，安装（粘贴）简单，价格低廉，在设计中常常用来与欧式装饰风格配套使用。

十、建筑装饰涂料

1．建筑装饰涂料的概念

建筑装饰涂料是指涂饰于物体表面，能够很好粘接，并能形成坚韧完整保护膜的装饰饰面材料。涂刷涂料是目前装饰装修中最经济、最简单的物体表面保护方法。

涂料按建筑使用部位，分为地面涂料（防水涂料）、墙顶面涂料（墙漆）；按成分，分为水溶性涂料（墙漆）和溶剂型涂料（油漆）；按使用性能，分为防水涂料、防火涂料、防霉涂料等。

2．常用建筑装饰涂料

家装中常用的装饰涂料有内墙漆、油漆、防水涂料等几大类。

1）内墙漆

又称为内墙乳胶漆，是一种用于室内墙顶面基层，起装饰保护作用的高级建筑装饰涂料。颜色丰富，质感细腻，耐水性和耐久性较好，同时施工方便，是现代室内设计广泛使用的一种饰面装饰材料。内墙漆对基层要求较高，所以在涂饰前一般要进行基层的装饰抹灰（仿石漆料或环保装饰腻子粉）。

2）油漆

是一种树脂类特殊装饰涂料，它是目前装饰装修中，装饰和保护室内木作表面的高档装饰涂料。分为油性漆和水性漆两种，家装中所使用的油漆为聚胺酯木器漆，常用的有清漆、色漆、硝基漆以及水性漆。

（1）清漆

又称为清油，是一种无色透明的油漆，一般用于实木装饰板或木纹面板和实木地板、竹地板，以及实木工艺线的饰面装饰（清漆+稀释剂+固化剂为一组）。

（2）色漆

又称为混油，是在油漆生产过程中，掺入各种无机色素，使油漆呈现不同的颜色。目前家装中，色漆主要为白色漆。色漆一般配合胶合板、澳松板以及其他木质板材作饰面使用，颜色丰富，装饰效果美观。

清漆和色漆均分为底漆和面漆，施工的方式可分为喷涂和手刷。

（3）硝基漆

是一种既能体现木纹又呈现白色的特殊装饰饰面油漆，硝基漆一般用于木纹面板的表面，需要反复涂刷多遍才能形成漆膜。

（4）水性漆

也称环保漆，是以水为助剂的一种环保低毒的油漆饰面材料，遮盖性好，手感舒适，是现代住宅使用普遍的一种油漆产品。

3．防水涂料

属于速凝橡胶类，是一种高档室内防水涂料，防水性能极佳，环保性好，价格适中，但对施工的要求较高。按照国家相关要求，住宅中的厨房（墙面防水做到0.3m）和卫生间必须进行二次防水处理，卫生间属于潮湿的场所，墙面的防水应做到1.8m以上。

十一、金属和塑料装饰材料

1．金属装饰材料

金属装饰材料由于具有独特的质感和光泽，在现代装饰装修中被广泛使用。

1）黑色金属：生铁、钢材

2）有色金属：金、银、铜、铝

钢材：型钢、线材、钢板、"L""H""U"型钢。螺纹钢属于型钢，直径为5～9mm的盘条就是线型。

不锈钢板：在所有的金属材料中，不锈钢的光泽度最高，目前装饰装修使用的均为薄型不锈钢板。不锈钢板可按设计要求进行各种裁切、折弯、焊接，同时具有极佳的光泽度和反射率，广泛地用于装饰装修领域。常用规格有6K0.6/8K0.8（K代表光泽度，前面数字越小，光泽度越高，后面数字为不锈钢板厚度）。

包圆柱时，镜面不锈钢的厚度不能超过0.6mm，否则会造成施工困难。

金属装饰吊顶，又称为铝扣板或聚成吊顶，是现代住宅装修厨房、卫生间普遍使用的金属吊顶材料，分为长方形和正方形两种，厚度为0.5～1.2mm。铝扣板质量轻，强度高，造型美观，安装方便，容易清洁，耐久性好。

2．塑料装饰材料

1）装饰装修中塑料制品

（1）薄膜制品类：波音软片

（2）薄板类：防火板、阳光板、铝塑板

（3）管材类：PVC排水管、PP—R给水管、塑料穿线管

（4）模具制品类：塑钢门窗、开关插座

2）装修中常用塑料装饰材料

（1）波音软片

是一种卷材类薄型塑料装饰材料，分为单色波音软片和仿木纹波音软片。在住宅装修中，木作家具的内部常用波音软片进行饰面。

（2）阳光板

又称卡普隆板或PC板，是一种高强度、可折弯，透光性强的塑料装饰板材，有"透明之王"的美誉。阳光板强度是钢化玻璃的80倍，是有机玻璃的14倍，由于具有高强透光及隔声的效果，在城市建筑装饰设计中广泛使用。

（3）铝塑板

又称为铝塑复合板，是以塑料为芯层，单面或双面贴上厚度为0.5mm的薄型铝片，国外称"三明治板"。铝塑板厚度有4mm和5mm两种，是一种既可用于室内也可用于室外的装饰饰面板，灰色、米黄、银白、电信蓝使用最为普遍，目前装饰装修中使用的一般为厚度5mm的双面铝塑板。

（4）PVC管及PP—R管

PVC排水管为白色，有100mm和50mm（直径）两种规格，100mm主要用于住宅的主排水及大便器的排水管道，50mm一般为室内的支排水管道。PP—R给水管是一种高强度的塑料管材，有白色和灰色两种，热水管的管壁较厚，耐热性更佳。PP—R给水管表面有红线（热水管）和蓝线（冷水管），热水管能作冷水管使用，但冷水管一定不能作热水管使用。

（5）软膜材料

见：第二章第四节"四、（子任务六）家装工程软膜顶棚施工"一节。

十二、灯具、五金与胶黏剂

1. 装饰灯具

灯具由光源、灯罩、管架三大部分组成。现代灯具按安装的方式分为固定式和移动式，按照明的方式分为直接照明和间接照明，装饰设计中常用的灯具有吸顶灯、吊灯、筒灯、灯带等。

吸顶灯一般为方形、圆形或多边形，吸顶灯价格便宜，照度较好，对层高无限定。吊灯是一种既能照明又兼具装饰作用的中高档灯具，对层高有严格要求，常用于客厅或主卧室。筒灯和灯带一般作为装饰吊顶的配套使用，是一种装饰设计辅助灯具，对营造装饰设计风格和情景氛围起着重要的作用。

2. 胶黏剂

在常温条件下，能将两个物体的表面紧密粘接在一起的物质称为胶黏剂，简称胶。装饰装修中常用的胶黏剂有：

1）乳白胶：主要用于木材和纤维织物的粘接。不能掺水，掺水后失去胶黏性。

2）胶粉：也称粉末壁纸胶，是墙纸裱糊的一种专用胶黏剂。

3）云石胶：是用于瓷砖、石材粘贴的一种特殊胶黏剂。

4）立时得：又称万能胶，是装饰装修中应用最为广泛的一种胶黏剂，主要用于铝塑板、防水板在木质基层上的粘贴。

5）玻璃胶：是用于玻璃及玻璃制品的专用胶黏剂。

3. 五金件

钉、锁、执手、配套五金。钉分为圆钉和螺钉。锁分为普通锁、装饰锁、特种锁。执手也称为拉手，分为门窗拉手、家具拉手及装饰拉手。配套五金分为合页门吸类、滑轨类、卫浴五金类、厨房五金类。

图 1-3-49　澳松板
图 1-3-50　欧松板

图 1-3-51　木龙骨
图 1-3-52　双排木方

图 1-3-53　实木地板
图 1-3-54　复合地板

图 1-3-55　竹地板
图 1-3-56　塑料地毯

图 1-3-57　化纤地毯
图 1-3-58　羊毛地毯

图 1-3-59　壁纸
图 1-3-60　塑料壁纸

图 1-3-61　金属壁纸
图 1-3-62　荧光壁纸

图 1—3—63　轻 钢 龙 骨 吊顶

图 1—3—64　轻 钢 龙 骨 隔墙

图 1—3—65　铝 合 金 龙 骨 吊顶

家装施工人员要想完成一项合格的工程，必须熟知各种工具的性能，熟练操作各种工具。

第四节　家装施工人员工具认知与使用

一、工具的分类

1. 电动工具：手提式电动圆锯、铝材切割机、电锤、电焊机、角磨机、修边机、气泵、手枪钻、电刨等。

2. 手工工具：钢排枪、气钉枪、蚊钉枪、射钉枪、铆钉枪、码钉枪、手锯、手刨、钳子、扳手、螺钉旋具等。

3. 计量测量用具：红外线水平仪、钢卷尺、直角尺、靠尺、水平尺、楔形塞尺、线坠、墨斗等。

4. 安全防护用具：安全帽、安全带、防护面罩、电焊面罩、电焊手套、工作服、口罩等。

二、常用电动工具及其用法

（一）手提式电动圆锯安全操作方法

手提式电动圆锯（图1-4-1），可用于装饰工程，广泛用于裁切板材等。如双面板、欧松板、木工板、胶合板、层压板、石膏板等都可以用手提式圆锯进行裁切。首先要有操作锯台，可自行加工或者购买成品操作锯台。做好操作锯台，安装牢固电动圆锯，方可进行各类板材的裁切。

图1-4-1　手提式电动圆锯

对电源电闸、开关、锯片的松紧度、安全挡板进行详细检查，操作锯台必须稳固。

不得裁切较小物体，不得进行强力裁切操作。

不得探身越过锯台锯口处。锯片未停止时不得从锯口进行任何操作。

维修或更换配件前必须先切断电源，并等锯片完全停止。

发现有不正常声音，应该立刻停止检查。

使用后及时关闭电源，并清洁整理操作台和场地。

（二）铝材切割机安全操作

1. 使用铝材切割机（图1-4-2）之前，要对电源开关、闸刀、锯片的

图1-4-2　铝材切割机

松紧度、锯片护罩，安全护罩、挡板作详细检查。

2．打开总开关，空载试转几圈，待确认安全才能启动使用。

3．工作时，严禁戴手套操作，如在操作中有灰尘，要戴口罩或面罩。不得试图切锯没有夹紧的工件，不得试图切锯较小、较短、拿不稳的工件。不得进行强力切锯操作，在切割机电机转速到安全时速时再进行切割。不要站在切割机出料口，以防短料伤人；维修或更换配件前必须先切断电源，并等锯片完全停止。

4．工作后关闭电源，清洁整理工作台和场地。

（三）电锤安全操作

1．使用电锤（图1-4-3）前

1）检查电源、电闸开关。

2）检查铅头与电锤夹持器是否适配，并安装牢固。

3）钻凿墙壁、顶棚、地板时，应确定有无埋设电缆或管道等。

2．使用时

1）操作时要戴好防护眼镜，保护好眼睛，面部朝上时要戴上防护面罩。

图1-4-3　电锤

2）长期作业后钻头处在灼热状态，在更换时应注意避免灼伤皮肤。

3）作业时应使用侧柄辅助，双手操作，以防堵转时反向作用力扭伤胳膊。

3．电锤的正确使用方法

1）"冲击钻孔"作业

将运作方式按钮拨至冲击钻孔位置，把钻头设到需钻孔的位置，然后拨动开关触发器。钻孔时只需轻推轻压，让钻末能自由排出，不得使劲推压。

2）"凿平、破碎"作业

将运作方式按钮拨至"锤击"位置，利用钻机自重进行作业，不必用力推压。

3）"钻孔"作业

将工作方式旋钮拨至"钻孔位置"（不锤击），把钻头放到需要钻孔的位置，然后拨动开关触发器轻推即可。

4．使用后关闭电闸，拔掉电源，清洁钻头，清理工作场地。

（四）电焊机安全操作

1．使用前

检查电源电闸开关，确保接头部位连接可靠、绝缘良好。

电焊机与焊钮间导线长度不超过30m，如特殊需要时，也不得超过50m。导线有变潮、断胶现象立即更换电焊机。

1）初级线路接线应准确无误，输入电压应符合设备规定，严禁接触初级线路带电部分。

2）次级抽头、连接铜板必须压紧，接线柱应有垫圈。直流电焊机使用前，应擦净换向器上的污物，保持换向器与电刷接触良好。

2．使用时

1）施工人员须持有特种作业操作证方可使用。

2）根据工作技术条件，选用适合的焊接工艺（焊条、焊接电流和暂载率），不允许超负荷使用，尽量使用无载停电装置，不准采用大电流施焊，不准用电焊机进行金属切割作业。

3）在载荷施焊中，焊机升温不应超过A级60℃、B级80℃，否则停机降温，再进行焊接。

4）电焊机工作场地应保持干燥、通风良好。移动焊机时应切断电源，不得用拖拉电缆的方法移动焊机，如焊接中突然断电，应切断电源。

5）必须在潮湿处施焊时，焊工应站在绝缘木板上，不准用手触摸焊机导线，不准用臂夹带电焊钳，以免触电。

3．使用后

完成焊接作业后，应立即切断电源，关闭焊机开关，分别清理规整好焊钳和地线，以免合闸时造成短路。

（五）角磨机安全操作

1．角磨机（图1-4-4）使用前

使用前仔细检查角磨机和护罩、辅助手柄，必须完好无松动。插上插头前，电缆线及插头等完好无损，务必检查角磨机开关是否处在关闭位置。确保角磨机的磨片安装稳固，严禁使用已有残缺的磨片。

图1-4-4　角磨机

2．使用时

切割打磨时防止火星四溅、灰尘飞扬。要戴好防护眼罩、口罩；角磨机打开时会有较大摆动，要用力握稳，要等角磨片转稳后才能工作；切割打磨方向不能向着人，切割时要均匀用力；不能用手捉住小工件对角磨机进行加工，以免误伤到手；出现不正常声音或过大振动或漏电的情况应立即停止进行检查，维修更换配件前必须先切断电源，并等锯片安全停止。

3．使用后

工作完成后，关闭角磨机开关，并握住角磨机直到磨片完全停止转动，将其放好，用毛刷清理防护罩内外等处积尘，并清理工作场地。

（六）修边机安全操作

1．修边机（图1-4-5）使用前

1）检查电闸开关、电线有无破损。

2）安装用于修饰或与倒角相搭配的刃具、铣刀刀头。刃具、铣刀刀头要安装牢固。

3）检查修边机防护罩、附件等是否完好牢固。

2．使用时

1）修边机一般以单手操作，为了维持稳定与平衡，可用另一只手来辅助。

图1-4-5　修边机

2）操作时，先握紧修边机，然后打开修边机开关，待修边机转动起来并且转速稳定后再进行工作。

3）修边机倒板或修角、修边时，要均匀向前推进。

4）修边和工作时，若有推不动或不正常声音时，先放慢推进速度，停止作业，检查铣刀、刀头是否有损坏。

5）要保持修边机的平稳、垂直，不可倾斜，否则铣削就不会平行或垂直。

6）完成铣削作业后，即可垂直提起修边机，使铣刀离开工作物。若不垂直提起修边机会有打断铣刀或打坏工作物件的危险。若是修边作业，或使用T形勾线刀、平羽刀，应先向铣削的方向平推，使铣刀离开工作物，再提起修边机。

3．使用后

关闭电源开关，清理修边机灰尘，打扫现场垃圾。

（七）气泵安全操作

1．使用气泵（图1-4-6）前

认真检查电闸、电源、电缆有无损坏。检查气泵各部件是否正常、机油是否充足、储气罐有无漏气现象、保险阀是否可靠有效。

图1-4-6　气泵

2．使用时

1）气泵一切正常后，检查气动软管是否完好，确保气动管连接件安全可靠，无漏气现象。将软管接入气泵气阀输入端口。

2）确认安全连接无误后，将活塞杆回缩处于原始位置，启动气泵。

3）将气泵接通电源，工作压力达到0.8MPa时，机器自动停止工作，然后将气阀打开，启动装置通气完成。

4）气泵使用压力不得高于气泵额定工作压力，若需调整必须请专业人员调整。

5）运转中，不准擦拭、抚摸、调整、紧固有压力或旋转部位。

3．使用后

1）关闭电源，关闭气阀，定期检查和保养；检查机油，清理更换滤清罩。

2）打开储气罐底部的阀门，放掉未用完的气体，并排出储气罐内的污物和储气罐产生的水分。

3）整理输气软管，清理现场，将气泵归位。

图1-4-7 电刨

（八）电刨安全操作

1．使用电刨（图1-4-7）前

1）检查电闸开关、电缆是否正常完好，所用锯片是否适配并安装牢固。

2）电刨要放置的位置一定是在平稳宽敞的使用空间里。

3）安全防护装置必须齐全。不得随意挪动或舍弃不用。刃具必须锋利无缺损。锯盘完好无缺齿现象，齿口锋利。锯盘、刀具及时更换，修磨合理。

2．使用时

1）使用电刨时，多为2人配合作业。进给速度要配合一致均匀推进，木料或操作件送回时，不可触及刀口，遇节疤应放慢速度，遇长300mm、厚30mm以下的短料小料时要用推棍送料，不可用手直接送过电刨刨口或电刨锯盘处，以防误伤手指。

2）如锯线走偏，应逐渐纠正，以免损坏锯片。

3）操作人员不得站在锯片旋转离心力面上操作，手不得跨越锯片。

4）刨料时，手应按在料的上面，手指必须离开刨口50mm以上，严禁用手在木料后端送料、跨越刨口进行刨料。

3．使用后

操作完成后，立即关闭电源。清理工作台和各部件上的锯末、刨花，并清理现场。

2

第二章　家装施工方法与工艺

第一节　任务一　家装工程房间分隔与水电改造

一、（子任务一）（房间分隔）一般砖砌体砌筑隔墙施工

（一）施工准备

1. 依据

装饰施工依据：《建筑装饰装修工程质量验收标准》GB 50210—2018。

2. 技术要点概况分析

测量放线、砌块砌体的排列组合、错缝搭接长度、灰缝大小及饱满程度、隔墙墙体的垂直度和平整度以及裂缝的处理方法。

3. 操作准备（技术、材料、设备、场地等）

1）技术准备

（1）熟悉施工图纸及设计说明，对房间的净高、各种洞口标高和隔墙内的管道、设备的标高进行校核。发现问题及时向设计单位提出，并办理洽商变更手续，把各专业设备安装间的矛盾解决在施工之前。掌握墙体砌筑工程要点。

（2）根据施工图中隔墙标高要求和现场实际尺寸编制砖砌体隔墙的施工方案，并经审批。

（3）根据工程设计施工图，以及所采用砌块的品种、规格等绘制砌体砌块排列图，并经审核无误。

（4）砌块砌体施工前做好技术交底工作。

2）材料要求

（1）砖：品种、强度等级必须符合设计要求，并有出厂合格证、试验单。

（2）水泥：品种及标号等必须符合设计要求，并有出厂合格证、试验单。

（3）砂：用中砂。配制M5以下砂浆所用砂的含泥量不超过10%，M5及其以上砂浆的砂含泥量不超过5%，使用前用5mm孔径的筛子过筛。

3）主要机具

（1）工具：应备有大铲、瓦刀、托线板、线坠、小水桶、灰槽、砖夹子、扫帚等。

（2）计量检测用具：水准仪、墨斗、靠尺、钢卷尺、水平尺、楔形塞尺等。

4）作业条件

（1）施工前应按设计要求对房间的层高、门窗洞口标高和室内的管道、设备等的标高进行测量检查，并办理交接记录。

（2）根据进场砖的实际规格尺寸，弹出门窗洞口位置线，经验线符合设计要求，办完预检手续。

（3）砌筑施工前，必须做好上道工序的隐蔽工程、预检工作，办好上下道工序交接手续，并经验收合格。

（4）将基层清理干净，放好砌体墙身位置线，并经验线符合设计图纸要求，预检合格。

（5）搭设好操作和卸料脚手架。

（6）砂浆经试配确定配合比，准备好砂浆试模。

（7）施工现场必须保持清洁，砌块堆放有序。

（8）常温施工时，黏土砖必须在砌筑的前一天浇水湿润，一般以水浸入砖四边1.5cm左右为宜。

（二）主要施工方法与操作工艺

1. 工艺流程

作业准备→砖浇水→砂浆搅拌→砌砖隔墙→清理验收。

2. 施工工艺及要点

1）砖浇水：砖必须在砌筑前一天浇水湿润，一般以水浸入砖四边1.5cm为宜，含水率为10%～15%，常温施工不得用干砖上墙。

2）砂浆搅拌：砂浆配合比应采用重量比，计量精度水泥为±2%，砂控制在±5%以内。宜采用机械搅拌，搅拌时间不少于1.5min。

3）砌砖隔墙（图2-1-1）

选砖：砖砌体砌筑室内隔墙应选择棱角整齐，无弯曲、裂纹，颜色均匀，规格基本一致的砖。

挂线：砌筑一砖半墙必须双面挂线，如果长墙几个人均使用一根通线，中间应设几个支线点，小线要拉紧，每层砖都要穿线看平，使水平缝均匀一致，平直通顺；砌一砖厚混水墙时宜采用外手挂线，可照顾砖墙两面平整，为下道工序控制抹灰厚度奠定基础。

图2-1-1　砌砖隔墙

图2-1-2　砌砖灰缝应保持平直

砌砖：砌砖宜采用一铲灰、一块砖、一挤揉，即满铺、满挤操作砌筑法。砌砖时砖要放平。里手高，墙面就要张；里手低，墙面就要背。砌砖一定要跟线，"上跟线，下跟棱，左右相邻要对平"。水平灰缝厚度和竖向灰缝宽度一般为10mm，但不应小于8mm，也不应大于12mm（图2-1-2）。在操作过程中，要认真进行自检，如出现偏差，应随时纠正。严禁事后砸墙。砌筑砂浆应随搅拌随使用，一般水泥砂浆必须在3h内用完，不得使用过夜砂浆。

4）清理验收：清理施工现场垃圾。组织业主及监理验收。

（三）施工质量通病与防治

质量通病：砖砌体砌筑隔墙饰面裂缝。

1. 原因：砌筑砂浆粘接不良，砖砌块之间有瞎缝。

2. 防治：结合砖砌体砌筑隔墙的结构形式、施工方法等，进行综合调查分析，然后采取措施，加以处理。

（四）质量标准

1. 主控项目

1）砖的品种、强度等级必须符合设计要求。

2）砂浆品种及强度应符合设计要求。

3）砌体砂浆必须密实饱满，实心砖砌体水平灰缝的砂浆饱满度不小于80%。

检验方法：观察；检查产品合格证、进场验收记录、性能检测报告和复验报告。

2. 一般项目

1）砖砌体接槎处灰浆应密实，缝、砖平直。

2）砖砌体砌筑隔墙砌筑正确，竖缝通顺，刮缝深度适宜、一致，棱角整齐，墙面清洁美观。

3）砖砌体的灰缝应横平竖直，厚薄均匀。

（五）成品保护

1. 砂浆稠度应适宜，砌墙时应防止砂浆溅脏墙面。

2. 在已砌筑完的房间内，运输等应注意墙体边缘，防止被撞坏。

3. 不得随意在墙体上剔凿打洞，应随砌筑进行预埋。需要时，应有可靠措施，不因剔凿而损坏砌体的完整性。

（六）应注意的质量问题

1. 砌块在砌筑的前一天应浇水湿润，随吊运随将砌块表面清理干净。

2. 基底应事先进行标高找平，砌筑时灰缝厚度应一致。

3. 砂浆铺设要适宜，应随铺、随吊、随就位，并及时进行校正。校正后及时用砂浆灌竖缝，并保持饱满、密实，灰缝应横平竖直，厚薄均匀，无透明缝、瞎缝和假缝。

4. 墙面应垂直平整，组砌方法正确，砌块表面方正完整，无损坏和开裂现象。

5. 砌体错缝应符合设计和规范的规定，要严格按砌块排列组砌图施工，灰缝饱满，无松动脱落。

（七）质量记录

参见各地具体要求，例如宁夏回族自治区工程应参照当地《建筑工程施工质量验收规范实施指南》等。

（八）安全环保措施

1. 砌筑前应进行安全技术交底，使操作人员清楚地认识到该工程应注意哪些不利因素，并加以预防。

2. 现场施工用电严格按照《施工现场临时用电安全技术规范》JGJ 46—2005执行。

3. 施工机械严格按照《建筑机械使用安全技术规程》JGJ 33—2012执行。

4. 现场各施工面安全防护设施齐全有效，个人防护用品使用正确。

5. 加强宣传与教育，提高施工人员的环保意识，使大家认识到环保的重要性。

6. 经常进行场地清扫，并洒水保持场地清洁，确保无尘土飞扬现象。

7. 施工垃圾应装入水泥袋内统一清运，不得到处抛撒，外运时应进行遮盖，防止尘土飞扬，造成大气污染。

8. 砌块的切割作业，应选定加工点，并进行封闭围护，防止粉尘飞扬，同时操作人员应佩戴口罩，防止粉尘被人体吸入。

二、（子任务二）（房间分隔）轻钢龙骨石膏罩面板隔墙施工

（一）施工准备

1. 依据

装饰施工依据：《建筑装饰装修工程质量验收规范》GB 50210—2018。

2. 技术要点概况分析

安装方法、龙骨垂直、龙骨间距、龙骨平整、罩面板表面平整、罩面板立面垂直、罩面板阴阳角方正、罩面板接缝高低、压条平直、压条间距、固定沿顶和沿地龙骨的定位安装、面层板的固定安装及收口、不同龙骨交接安装及面层的安装处理方法。

3. 操作准备（技术、材料、设备、场地等）

1）技术准备

（1）熟悉施工图纸及设计说明，对房间的净高、各种洞口标高和隔墙内的管道、设备的标高进行校核。发现问题及时向设计单位提出，并办理洽商变更手续，把各专业设备安装间的矛盾解决在施工之前。

（2）根据设计图纸、隔墙高度和现场实际尺寸进行排板、排龙骨等深入设计，绘制大样图，办理委托加工。

（3）根据施工图中隔墙标高要求和现场实际尺寸，对龙骨进行翻样并委托加工。

（4）编制轻钢钢架隔墙施工方案并经审批。

（5）施工前先做样板间，经现场监理、建设单位检验合格并签字确认。

（6）对操作人员进行书面安全技术交底。

2）材料要求

（1）各类龙骨、配件和罩面板材料以及胶黏剂的材质均应符合现行国家标准和行业标准的规定。应有出厂质量合格证、性能及环保检测报告等质量证明文件。当装饰材料进场检验，发现不符合设计要求及室内环保污染控制规范的有关规定时，严禁使用。人造板材应有甲醛含量检测（或复验）报告，应对其游离甲醛含量或释放量进行复验，并应符合现行国家标准《室内装饰装修材料 人造板及其制品中甲醛释放限量》GB 18580—2017的规定。

①轻钢龙骨主件：沿顶龙骨、沿地龙骨、加强龙骨、竖向龙骨、横撑龙骨应符合设计要求和有关标准的规定。

②轻钢骨架配件：支撑卡、卡托、角托、连接件、固定件、护墙龙骨和

压条等附件应符合设计要求。

③紧固材料：射钉、拉锚钉、膨胀螺栓、镀锌自攻螺钉、木螺钉和粘贴嵌缝材料等，应符合设计要求。

④罩面板应表面平整、边缘整齐，不应有污垢、裂纹、缺角、翘曲、起皮、色差、图案不完整的缺陷。胶合板、木质纤维板不应脱胶、变色和腐朽。

（2）填充隔声材料：玻璃棉、岩棉等应符合设计要求。

（3）通常隔墙使用的轻钢龙骨为C型隔墙龙骨，分为三个系列，经与轻质板材组合即可组成隔断墙体。

C型装配式龙骨系列：

①C50列可用于层高3.5m以下的隔墙；

②C75系列可用于层高3.5～6m的隔墙；

③C100系列可用于层高6m以上的隔墙。

（4）纸面石膏板：纸面石膏板应有产品合格证、性能检测报告、进场验收记录和复验报告，规格应符合设计图纸的要求。一般规格如下：

长度：根据工程需要确定；

宽度：1200mm、900mm；

厚度：9.5mm、12mm、15mm、18mm、25mm，常用的为12mm。

（5）接缝材料：接缝腻子、玻璃带（布）、108胶。

3）主要机具

（1）机具：激光标线仪、手提式电动圆锯、气泵、电刨、无齿锯、手枪钻、冲击电锤、电焊机、角磨机等。

（2）工具：蚊钉枪、钢排枪、码钉枪、气钉枪、拉铆枪、射钉枪、手锯、手刨、钳子、扳手、灰刀、螺钉旋具等。

（3）计量检测用具：墨斗、水准仪、靠尺、钢卷尺、水平尺、楔形塞尺、线锤等。

（4）安全防护用品：安全帽、安全带、电焊面罩、电焊手套等。

4）作业条件

（1）施工前应按设计要求对房间的层高、门窗洞口标高和室内的管道、设备及其支架的标高进行测量检查，并办理交接记录。

（2）各种材料品种、规格、颜色，以及隔断的构造、固定方法，均应符合设计要求。

（3）隔断的龙骨和罩面板必须完好，不得有损坏、变形、弯折、翘曲、边角缺损等现象；并要注意防止碰撞和受潮。

（4）隔墙内的管道和设备安装已调试完成，并经检验合格，办理完交接手续。

（5）室内环境应干燥，通风良好。

（6）施工所需的脚手架已搭设好，并经检验合格。

（7）施工现场所需的临时用水、用电、各工种机具准备就绪。

(8）室内弹出+50cm标高线。

（9）设计要求隔墙有地枕带时，应先将C20细石混凝土地枕带施工完毕，强度达到10MPa以上，方可进行轻钢龙骨的安装。

（10）做好隐蔽工程和施工记录。

（二）主要施工方法与操作工艺

1. 工艺流程

测量放线、弹线、分档→做地枕带（设计有要求时）→固定沿顶、沿地龙骨→固定边框龙骨→安装竖向龙骨→安装门、窗框→安装附加龙骨→安装支撑龙骨→检查龙骨安装→电气铺管、安装附墙设备→安装一面罩面板→填充隔声材料→安装另一面罩面板→接缝及护角处理→质量检验。

2. 施工工艺及要点

1）测量放线、弹线、分档：利用红外线放线仪在隔墙与上下及两边基体的相接处，按龙骨的宽度弹线。弹线清楚，位置准确。按设计要求，结合罩面板的长、宽分档，以确定竖向龙骨、横撑及附加龙骨的位置。

2）做地枕带：当设计有要求时，按设计要求做豆石混凝土地枕带。做地枕带应支模，豆石混凝土应浇捣密实。

3）固定沿顶、沿地龙骨（图2-1-3）：沿弹线位置固定沿顶、沿地龙骨，可用射钉或膨胀螺栓固定，固定点间距应不大于600mm，龙骨对接应保持平直。

4）固定边框龙骨（图2-1-4）：沿弹线位置固定边框龙骨，龙骨的边线应与弹线重合。龙骨的端部应固定，固定点间距应不大于1m，固定应牢固。边框龙骨与基体之间，应按设计要求安装密封条。

选用支撑卡系列龙骨时，应先将支撑卡安装在竖向龙骨的开口上，卡距为400~600mm，距龙骨两端的距离为20~25mm。

5）安装竖向龙骨（图2-1-5）：竖向龙骨应垂直，龙骨间距应按设计要求布置。设计无要求时，其间距可按板宽确定，如板宽为900mm、1200mm时，其间距分别为453mm、603mm。

选用贯通系列龙骨时，低于3m的隔断安装一道横撑；3~5m隔断安装两道；5m以上安装三道。

图2-1-3 固定沿顶沿
地龙骨

图2-1-4 固定边框
龙骨

罩面板横向接缝处，如不在沿顶、沿地龙骨上，应加横撑龙骨固定板缝。门窗或特殊节点处，使用附加龙骨，安装应符合设计要求。特殊结构的隔墙龙骨安装（如曲面、斜面隔断等），应符合设计要求。

6）电气铺管、安装附墙设备：按图纸要求预埋管道和附墙设备。要求与龙骨的安装同步进行，或在另一面石膏板封板前进行，并采取局部加强措施，固定牢固。电气设备专业在墙中铺设管线时，应避免切断横、竖向龙骨，同时避免在沿墙下端设置管线。

7）龙骨检查校正补强：安装罩面板前，应检查隔断骨架的牢固程度，门窗框、各种附墙设备、管道的安装和固定是否符合设计要求。如有不牢固处，应进行加固。龙骨的立面垂直偏差不应大于3mm，表面不平整不应大于2mm。

8）安装石膏罩面板

（1）石膏板宜竖向铺设，长边（即包封边）接缝应落在竖龙骨上。仅隔墙为防火墙时，石膏板应竖向铺设。曲面墙所用石膏板宜横向铺设。

（2）龙骨两侧的石膏板及龙骨一侧的内外两层石膏板应错缝排列，接缝不得落在同一根龙骨上。

（3）石膏板用自攻螺钉固定。沿石膏板周边螺钉间距不应大于200mm，中间部分螺钉间距不应大于300mm，螺钉与板边缘的距离应为10～16mm。

（4）安装石膏板时，应从板的中部向板的四边固定，钉头略埋入板内，但不得损坏纸面。钉眼应用石膏腻子抹平。

（5）石膏板宜使用整板（图2-1-6）。如需对接时，应紧靠，但不得强压就位。

（6）隔墙端部的石膏板与周围的墙或柱应留有3mm的槽口。施工时，先在槽口处加注嵌缝膏，然后铺板，挤压嵌缝膏使其和邻近表层紧密接触。

（7）安装防火墙石膏板时，石膏板不得固定在沿顶、沿地龙骨上，应另设横撑龙骨加以固定。

（8）隔墙板的下端如用木踢脚板覆盖，罩面板应离地面20～30mm；用大理石、水磨石踢脚板时，罩面板下端应与踢脚板上口齐平，接缝严密。

（9）铺放墙体内的玻璃棉（图2-1-7）。矿棉板、岩棉板等填充材料，与安装另一侧纸面石膏板同时进行，填充材料应铺满铺平。

图2-1-5　安装竖向龙骨
图2-1-6　石膏板整板

9）接缝及护角处理

纸面石膏板墙接缝做法有三种形式，即平缝、凹缝和压条缝。一般做平缝较多，可按以下程序处理：

（1）纸面石膏板安装时，其接缝处应适当留缝（一般3～6mm），并必须坡口与坡口相接。接缝内浮土清除干净后，刷一道50%浓度的108胶水溶液。

图2-1-7　铺放玻璃棉

（2）用小刮刀把接缝腻子嵌入板缝，板缝要嵌满嵌实，与坡口刮平。待腻子干透后，检查嵌缝处是否有裂纹，如产生裂纹要分析原因，并重新嵌缝。

（3）在接缝坡口处刮约1mm厚的腻子，然后粘贴玻纤带，压实刮平。

（4）当腻子开始凝固又尚处于潮湿状态时，再刮一道腻子，将玻纤带埋入腻子中，并将板缝填满刮平。

阴角的接缝处理方法同平缝。

阳角可按以下方法处理：

（1）阳角粘贴两层玻纤布条，角两边均拐过100mm，粘贴方法同平缝处理，表面亦用腻子刮平。

（2）当设计要求做金属护角条时，按设计要求的部位、高度，先刮一层腻子，随即用镀锌钉固定金属护角条，并用腻子刮平。

10）质量检验

控制点：材质、安装方法、龙骨垂直、龙骨间距、龙骨平整、罩面板表面平整、罩面板立面垂直、罩面板阴阳角方正、罩面板接缝高低、压条平直、压条间距、验收。

（三）施工质量通病与防治

质量通病：石膏罩面板隔墙接缝处不平整。

1. 原因：龙骨未平整，选用材料不配套，或在加工时粗心，没有符合要求。

2. 防治方法：安装龙骨后拉通线检查是否正确平整，然后一边安装纸面石膏板一边调平，满足板面平整度要求。

（四）质量标准

1. 主控项目

1）隔墙所用龙骨配件：墙面板、填充材料及嵌缝材料的品质、规格、性能和木材的含水率应符合设计要求。有隔声、隔热、阻燃、防潮等特殊要求的工程，材料应有相应性能等级的检测报告。

检验方法：观察；检查产品合格证、进场验收记录、性能检测报告和复验报告。

2）隔墙边框龙骨必须与砌体结构连接牢固，并应平整垂直，位置正确。

检验方法：用手推拉和观察检查、尺量检查、检查隐蔽工程和验收记录。

3）隔墙中龙骨间距和构造连接方法应符合设计要求，骨架内设备管线的安装，门窗洞口等部位的加强龙骨应安装牢固，位置正确，填充材料的位置应符合设计要求。

检验方法：检查隐蔽验收记录。

4）纸面石膏罩面板应安装牢固，无脱层、翘曲、折裂及缺损。

检验方法：观察，手扳检查。

5）墙面板所用的接缝材料的接缝方法应符合设计要求。

检验方法：观察。

2．一般项目

1）纸面石膏罩面板隔墙表面应平整光滑、色泽一致，洁净，无裂缝，接缝应均匀、顺直。

检验方法：观察。

2）纸面石膏板的安装应垂直、平整、位置正确。

检验方法：观察，尺量检查。

3）隔墙上的空洞、槽、盆应位置正确，套割吻合，边缘整齐。

检验方法：观察、尺量检查。

4）直面石膏板隔墙内的填充材料应干燥，填充应密实、均匀、无下坠。

检验方法：轻敲检查，检查隐蔽工程验收记录。

5）允许偏差项目：轻钢龙骨石膏罩面板隔墙允许偏差和检验方法应符合表2-1-1的规定。

轻钢龙骨石膏罩面板隔墙允许偏差和检验方法　　　　表2-1-1

项次	项目		允许偏差/mm	检查方法
1	轻钢龙骨	龙骨垂直	3	用2m垂直检测尺检查
2		龙骨间距	3	尺量检查
3		龙骨平整	2	2m靠尺和塞尺检查
4	罩面板	表面平整	3	2m靠尺检查
5		立面垂直	3	用2m垂直检测尺检查
6		阴阳角方正	3	用直角检测尺
7		接缝高低	1	用塞尺检查
8	压条	压条平直	3	拉5m线检查
9		压条间距	2	尺量检查

（五）成品保护

1．轻钢骨架隔墙施工中，各工种间应保证已安装项目不受损坏，墙内电线管及附墙设备不得碰撞、错位及损伤。

2．轻钢龙骨及纸面石膏板入场，存放使用过程中应妥善保管，保证不变形、不受潮、不污染、无损坏。

3. 施工部位已安装的门窗、地面、墙面、窗台等应注意保护，防止损坏。

4. 已安装好的墙体不得碰撞，保持墙面不受损坏和污染。

（六）应注意的质量问题

1. 板缝开裂是轻钢龙骨石膏罩面板隔断的质量通病。克服板缝开裂，不能单独着眼于板缝处理，必须综合考虑。一是轻钢龙骨结构构造要合理，应具备一定刚度；二是纸面石膏板不能受潮变形，与轻钢龙骨的钉固要牢固；三是接缝腻子要考究，保证墙体伸缩变形时接缝不被拉开；四是接缝处理要认真仔细，严格按操作工艺施工。只有综合处理，才能克服板缝开裂的质量通病。

2. 超过12m长的墙体应按设计要求做控制变形缝，以防止因温度和湿度的影响产生墙体变形和裂缝。

3. 进入冬季采暖期又尚未住人的房间，应控制供热温度，并注意开窗通风，以防干热造成墙体变形和裂缝。

4. 轻钢骨架连接不牢固，其原因是局部节点不符合构造要求，安装时局部节点应严格按图上的规定处理，钉固间距、位置、连接方法应符合设计要求。

5. 墙体罩面板不平，多数由两个原因造成：一是龙骨安装横向错位，二是石膏板厚度不一致。

6. 明凹缝不匀：纸面石膏板拉缝未很好掌握尺寸，施工时注意板块分档尺寸，保证板间拉缝一致。

（七）质量记录

参见各地具体要求，例如宁夏回族自治区的《建筑工程施工质量验收规范实施指南》。

（八）安全环保措施

1. 安全操作要求

1）施工中使用的电动工具及电气设备，均应符合国家现行标准《施工现场临时用电安全技术规范》JGJ 46—2005的规定。

2）隔断工程的脚手架搭设应符合建筑施工安全标准。

3）在高处作业时，上面的材料码放必须平稳可靠，工具不得乱放，应放入工具袋内。工人进入施工现场应戴安全帽，2m以上作业必须系安全带并应穿防滑鞋，现场注意防火。

4）电、气焊工应持证上岗并配备防护用具，使用电、气焊等明火作业时，应清除周围及焊渣溅落区的可燃物，并设专人监护。

2. 环保措施

1）施工用的各种材料应符合现行国家标准《民用建筑工程室内环境污染控制规范》GB 50325—2010（2013年版）的规定。工程所使用的胶合板、玻璃胶、防腐涂料、防火涂料应有正规的环保检测报告。

2）施工现场必须工完场清。设专人洒水、打扫，不能有扬尘污染环境。

3）有噪声的电动工具应在规定的作业时间内施工，防止噪声污染、扰民。

4）废弃物应按环保要求分类堆放，并及时清运。

5）现场保持良好通风，但不宜有穿堂风。

三、（子任务三）（房间分隔）钢结构夹层的施工
（一）施工准备
1．依据

钢结构夹层（图2-1-8）装饰施工依据：《钢结构工程施工规范》GB 50755—2012、《钢结构工程施工质量验收规范》GB 50205—2020、《建筑装饰装修工程质量验收规范》GB 50210—2018。

图2-1-8　钢结构夹层

2．技术要点概况分析

放样下料，钻孔，切割，矫正成型，焊接检查，安装过程中结构水平位移、垂直度检查，螺栓与焊接连接，结构固定安装处理方法。

3．操作准备（技术、材料、设备、场地等）

1）技术准备

（1）熟悉施工图纸及设计说明，对房间的净高标高进行校核。发现问题及时向设计单位提出，并办理洽商变更手续，把各专业设备安装间的矛盾解决在施工之前。

（2）根据设计图纸、钢结构夹层高度和现场实际尺寸进行复测等深入设计，办理委托加工。

（3）编制房间分隔钢结构夹层施工方案，并经审批。

（4）施工前先做样板间，经现场监理、建设单位检验合格并签字确认。

（5）对操作人员进行书面安全技术交底。

2）材料要求

（1）钢材：按设计图纸使用Q235钢或16锰钢，钢材应有质量证明，并应符合设计要求及现行国家标准的规定。

（2）连接材料：焊条、螺栓等连接材料均应有质量证明并符合设计要求。药皮脱落或焊芯生锈的焊条，锈蚀、碰伤或混批的高强螺栓不得使用。

（3）涂料：防腐油漆应符合设计要求和有关标准的规定，并应有产品质量证明及使用说明。

3）主要机具

（1）机具：激光标线仪、剪切机、型钢矫正机、钢板轧平机、钻床、电钻、扩孔钻、电焊、气焊、电弧气刨设备、钢板平台、喷砂、喷漆设备等。

（2）工具：大锤、凿子、样冲、撬杠、扳手、调直器、夹紧器、钻子、千斤顶，等等。

（3）计量检测用具：墨斗、水准仪、靠尺、钢卷尺、水平尺、楔形塞尺、

线坠、角尺、卡尺、划针、划线规等。

（4）安全防护用品：安全帽、安全带、电焊面罩、电焊手套等。

4）作业条件

（1）制作前根据设计单位提供的设计文件绘制钢结构夹层施工详图，图纸修改时应与设计单位办理洽商手续。

（2）按照设计文件和施工详图的要求编制制造工艺文件（工艺规程）。

（3）制作、安装、检查、验收所用钢尺，其精度应一致，应经法定计量检测部门鉴定并取得证明。

（4）施工所需的脚手架已搭设好，并经检验合格。

（5）施工现场所需的临时用水、用电、各工种机具准备就绪。

（二）主要施工方法与操作工艺

1. 工艺流程

加工准备及下料→零件加工→小装配（小拼）→总装配（总拼）→钢结构焊接→支撑连接板、支座装配，焊接→成品检验→除锈、油漆。

2. 施工工艺及要点

1）加工准备及下料

（1）放样：按照施工图放样，放样和号料时要预留焊接收缩量和加工余量，经检验人员复验后办理预检手续。

（2）根据放样做样板。

（3）钢材矫正：钢材下料前必须先进行矫正，矫正后的偏差值不应超过规范规定的允许偏差值，以保证下料的质量。

（4）钢结构夹层，钢材下料时不号孔，其余零件都应号孔；热加工的型钢先热加工，待冷却后再号孔。

2）零件加工

（1）切割：氧气切割前钢材切割区域内的铁锈、污物应清理干净。切割后断口边缘熔瘤、飞溅物应清除。机械剪切面不得有裂纹及大于1mm的缺棱，并应清除毛刺。

（2）焊接：夹层型钢需接长时，先焊接头并矫直。采用型钢接头时，为使接头型钢与杆件型钢紧贴，应按设计要求铲去棱角。对接焊缝应在焊缝的两端焊上引弧板，其材质和坡口形式与焊件相同，焊后气割切除并磨平。

（3）钻孔：钢结构夹层端部基座板的螺栓孔应用钢模钻孔，以保证螺栓孔位置、尺寸准确。腹杆及连接板上的螺栓孔可采用一般画线法钻孔。

3）小装配（小拼）

钢结构夹层端部T形基座、支承板预先拼焊组成部件，经矫正后再拼装到夹层结构上。部件焊接时为防止变形，宜采用成对背靠背放置的形式，用夹具夹紧再进行焊接。

4）总装配（总拼，图2-1-9）

（1）将实样放在装配台上，按照施工图及工艺要求起拱并预留焊接收缩量。装配平台应具有一定的刚度，不得发生变形，影响装配精度。

（2）按照实样将各种构件的定位构件搭焊在装配台上。

（3）把垫板及节点连接板放在实样上，对号入座，然后将构件放在连接板上，使其紧靠定位构件。半片钢结构夹层杆件全部摆好后，按照施工图核对无误，即可定位点焊。

图 2-1-9　总装配

（4）点焊好的半片钢架翻转180°，以这半片钢架作模胎复制装配钢架。

（5）在半片钢架模胎上放垫板、连接板及基座板。基座板及钢架应用带孔的定位板及螺栓固定，以保证构件尺寸的准确。

（6）将钢架放在连接板及垫板上，用夹具夹紧，进行定位点焊。

（7）将模胎上已点焊好的半片钢架翻转180°，即可将另一面钢架放在连接板和垫板上，使型钢背对齐，用夹具夹紧，进行定位点焊，点焊完毕整体钢架总装配即完成。其余钢架的装配均按上述顺序重复进行。

5）钢结构焊接

（1）焊工必须有特种作业操作证。安排焊工所担任的焊接工作应与焊工的技术水平相适应。

（2）焊接前应复查组装质量和焊缝区的处理情况，修整后方能施焊（图2-1-10）。

（3）焊接顺序：先焊钢架连接板外侧焊缝，后焊钢架连接板内侧焊缝，最后焊接钢架之间的垫板。

6）支撑连接板、支座装配，焊接
用样杆划出支撑连接板的位置，将支撑连接板对准位置装配，并定位点焊。用样杆同样划出支座位置，并将装配处的焊缝铲平，将支座放在装配位置上并定位点焊。全部装配完毕，即开始焊接支座、支撑连接板（图2-1-11）。焊完后，应清除熔渣及飞溅物。在工艺规定的焊缝及部位上，打上焊工钢印代号。

7）成品检验

（1）焊接全部完成，焊缝冷却24h之后，全部作外观检查并作记

图 2-1-10　复查组装
质量修整后方能施焊

图 2-1-11　焊接支座及
支撑连接板

录。Ⅰ、Ⅱ级焊缝应作超声波探伤。

（2）用高强螺栓连接时，须将构件摩擦面进行喷砂处理。

（3）按照施工图要求和施工规范规定，对成品外形几何尺寸进行检查验收。

8）除锈、油漆

（1）成品经质量检验合格后进行除锈，除锈合格后进行油漆。

（2）涂料及漆膜厚度应符合设计要求或施工规范的规定。型钢内侧的油漆不得漏涂。

（三）施工质量通病与防治

质量通病：连接板拼装不严密。

1. 原因

连接板之间拼缝不密实，有间隙。

2. 防治方法

1）连接板之间的间隙小于1mm的，可不作处理。

2）连接板间的间隙为1～3mm，将厚的一侧做成向较薄一侧过渡的缓坡。

3）连接板间的间隙大于3mm，填入垫板，垫板的表面与构件同样处理。

（四）质量标准

1. 主控项目

1）钢结构夹层钢架制作进行评定前，先进行焊接及螺栓连接质量评定，符合标准规定后方可进行。

2）钢材的品种、规格、型号和质量，必须符合设计要求及有关标准的规定。

3）钢材切割面必须无裂纹、夹渣、分层和大于1mm的缺棱。

2. 一般项目

1）构件外观表面无明显的凹面和损伤，划痕深度不大于0.5mm。焊疤、飞溅物、毛刺应清理干净。

2）螺栓孔光滑、无毛刺，孔壁垂直度偏差不大于板厚的2%，孔圆度偏差不大于1%。

3）允许偏差项目：钢结构焊接允许偏差和检验方法应符合《钢结构工程施工质量验收规范》GB 50205—2020的规定。

（五）成品保护

1. 堆放构件时，地面必须垫平，避免支点受力不均。钢架吊点、支点应合理。

2. 防止碰撞损坏：防火涂料硬化后强度仍然不高，施工中易碰撞部位应加以临时保护，减少损坏。

3. 安装时损坏的涂层应补涂，以保证漆膜厚度符合规定的要求。

4. 防污染：喷涂前对半成品做好保护，特别是喷涂部位附近用塑料布包好。

（六）应注意的质量问题

1. 构件运输、堆放变形：运输、堆放时，垫点不合理，上下垫木不在一条垂直线上，如发生变形，应根据情况采用千斤顶、氧-乙炔火焰加热或用其他工具矫正。

2. 构件扭曲：拼装时节点处型钢不吻合，连接处型钢与节点板间缝隙大于3mm，应予矫正，拼装时用夹具夹紧。长构件应拉通线，符合要求后再定位焊接固定。长构件翻转时由于刚度不足有可能产生变形，应事先进行临时加固。

3. 焊接变形：应采用合理的焊接顺序及焊接工艺（包括焊接电流、速度、方向等）或采用夹具、胎具将构件固定，然后再进行焊接，以防止焊接后翘曲变形。

4. 制作、吊装、检查应用统一精度的钢尺。严格检查构件制作尺寸，不得超过允许偏差。

（七）质量记录

参见各地具体要求，例如宁夏回族自治区的《建筑工程施工质量验收规范实施指南》。

（八）安全环保措施

1. 安全操作要求

1）施工中使用的电动工具及电气设备，均应符合国家现行标准《施工现场临时用电安全技术规范》JGJ 46—2005的规定。

2）必须按国家规定的法规条例对各类操作人员进行安全学习和安全教育。特殊工种必须持证上岗。生产场地必须留有安全通道，设备之间的最小间距不得小于1.0m。进入施工现场的所有人员，均应穿戴好劳动防护用品，并应注意观察和检查周围的环境，确保安全。

3）操作者必须严格遵守各岗位的操作规程，以免损及自身或伤害他人，对危险源应做出相应的标志、信号、警戒等，以免现场人员遭受伤害。

4）所有构件的堆放、搁置应十分稳固，欠稳定的构件应设支撑或固结定位，超过自身高度构件的并列间距应大于自身高度。构件安置要求平稳、整齐。

5）吊具要定时检查，不得超过额定荷载。

6）钢结构生产过程的每一工序所使用的氧气、乙炔、电源必须有安全防护措施，并定期检测泄漏和接地情况。

7）起吊构件的移动和翻转，只能听从一人指挥，不得两人并列指挥或多人参与指挥。起重构件移动时，不得有人在该区域投影范围内滞留、停立和通过。

8）所有制作场地的安全通道必须畅通。

2. 环保措施

1）噪声必须限制在95dB以下，某些机械的噪声无法根治和消除时，应重点控制并采取相应的个人防护，以免给操作者带来职业性的疾病。

2）严格控制粉尘在10mg／m³的卫生标准内，操作时应佩戴完善的劳动防护用品加以保护。

3）遵照国家或行业的各工种劳动保护条例规定实施环境保护。

四、（子任务四）家装工程电路改造

（一）施工准备

1. 依据

装饰施工依据：《住宅装饰装修工程施工规范》GB 50327—2001、《家用和类似用途电器的安全　第1部分：通用要求》GB 4706.1—2005、《家用和类似用途插头插座　第2-5部分　转换器的特殊要求》GB/T 2099.3—2015、《家用和类似用途插头插座　第2-7部分　延长线插座的特殊要求》GB/T 2099.7—2015、《建筑电气工程施工质量验收规范》GB 50303—2015。

2. 技术要点概况分析

用电设备点位的确定、管路的敷设、导线的连接。

3. 操作准备（技术、材料、设备、场地等）

1）技术准备

（1）熟悉施工图纸及设计说明，依据设计图纸对灯具、开关、电话、电脑、电视、冰箱、洗衣机、消毒柜、油烟机等设备的位置进行画线定位。定位过程中，发现问题及时向设计单位提出并办理洽商变更手续。

（2）根据设计图纸方案、用电设备的画线定位位置，结合现场实际情况，确定管线走向、标高及电气开关、插座等终端位置。

（3）编制施工方案并经审批后方可执行。

（4）施工前先做样板间（段），经现场监理、建设单位检验合格并签字确认后方可执行。

（5）对操作人员进行安全技术交底。

（6）电气操作施工人员应持证上岗。

2）材料要求（图2-1-12）

BV铜芯聚氯乙烯塑料单股硬线、BVR铜芯聚氯乙烯塑料软线、黄蜡管、PVC保护管及相关配件、CD管、面板暗盒、石膏粉、PVC胶、901胶、绝缘胶带、焊锡（膏）、管卡、胀塞、自攻钉等。

各种材料必须符合国家现行标准的有关规定。应有出厂质量合格证、性能及环保检测报告等质量证明文件。聚氯乙烯塑料电线应符合《额定电压450/750V及以下聚氯乙烯绝缘电缆　第3部分：固定布线用无护套电缆》GB/T 5023.3—2008的相关技术要求。

图2-1-12　材料准备

（1）BV铜芯聚氯乙烯塑料单股硬线：包装良好、合格证上相关标识完整并字迹清晰、绝缘皮阻燃、铜质内芯光亮无杂质。

（2）PVC保护管：家装常用PVC保护管规格有ϕ16、ϕ20、ϕ25等，所使用的PVC护管须阻燃、耐冲击，外壁应有间距不大于1m的连续阻燃标记。

（3）辅材：PVC直接、锁扣、PVC胶、绝缘胶带、焊锡（膏）、管卡、胀塞、自攻钉、屏蔽锡箔纸等应符合设计要求。

3）主要机具

（1）机具：红外线水平仪、手提式切割机、角磨机、手枪钻、冲击电锤。

（2）工具：弯管簧、钳子、美工刀、焊锡锅、灰刀、螺钉旋具、管剪等。

（3）计量检测用具：墨斗、钢卷尺、水平尺、线坠等。

（4）安全防护用品：安全帽、安全带、电焊手套（防止焊锡烫伤）等。

4）作业条件

（1）原建筑电路入场验收合格。

（2）电路交底已经完成，各电器设备的开关面板的终端位置已经确定。

（3）各种材料配套齐全，已进场，并进行了检测或复验。

（4）拆除工程、砌筑工程已经完成并经验收合格。

（5）入场电路材料经甲方及监理验收合格并签字确认。

（6）室内环境应干燥，通风良好。

（7）施工所需的工具、设备已准备就绪。

（8）施工现场所需的临时用水、用电、各工种机具准备就绪。

（9）原建筑开关面板拆除完毕，并将裸露线头作绝缘保护处理。

（二）主要施工方法与操作工艺

1．工艺流程

定位弹线→开槽→穿线管敷设→穿线管固定→管内穿线→导线连接。

2．施工工艺及要点

1）定位弹线

（1）根据设计要求弹出管路走向及底盒水平线。

（2）根据设计方案、用电设备的位置并结合现场实际情况，确定管线走向、标高及电气开关、插座的终端位置后，用墨斗将各点位处的底盒位置进行弹线标注。

（3）根据用电设备的开关、插座终端位置在顶面、墙面、地面确定电气管道走向，并用墨斗弹出开槽的具体线路（图2-1-13）。

（4）除特殊要求外，暗埋底盒高度与原预埋底盒高度须保持一致；如遇多个底盒并列安装时，相邻底盒的间距宜为10mm。

图 2-1-13 弹线——电气管道开槽线路

（5）参考安装高度：厨房电炊具插座（底盒）底边距地面宜为1200mm，油烟机、热水器插座（底盒）底边距地面宜为2200mm，消毒柜插座（底盒）底边距地面宜为500mm，居室壁挂空调插座（底盒）底边距地面宜为2200mm，客厅壁挂电视插座（底盒）底边距地面宜为900mm，卧室壁挂电视插座（底盒）底边距地面宜为1300mm，卫生间电热水器插座（底盒）底边距地面宜为2000mm，洗衣机插座（底盒）底边距地面宜为1400mm，淋浴房插座（底盒）底边距地面宜为1800mm，镜前灯距地宜为1900mm，坐便器插座（底盒）底边距地面宜为500mm，普通插座（底盒）底边距地面宜为300mm，电话、网络配线插座（底盒）底边距地面宜为300mm，开关（底盒）底边距地面宜为1400mm。以上标高以正常施工为标准，特殊要求及情况除外。

（6）开关（底盒）与门框距离宜为150～200mm，且不宜定位在门背后；在同一平面内，开关、插座（底盒）与暖气管、热水管、燃气管之间的距离不应小于300mm；不同平面内，开关、插座（底盒）与暖气管、热水管、燃气管之间的距离不应小于100mm；强电插座（底盒）与弱电插座（底盒）的水平间距不应小于300mm，当小于300mm时，应用锡箔纸裹缠穿线管作屏蔽处理。

（7）同一室内的电源、电话、电视等插座底盒应在同一水平标高上，高差不大于5mm；同一平面底盒高差不大于3mm；并排安装的底盒高差不大于1mm；底盒垂直度误差不大于0.5mm。

（8）配电箱距地面高度不小于1800mm；厨房电烤箱距地高度不小于1500mm。

（9）安装底盒前如遇钢筋可采用套割底盒的方法来固定底盒或可相应移位，但不得切断结构钢筋。

2）开槽

（1）依据定位线，用手持切割机对墙面、地面进行切割（图2-1-14），然后用冲击钻或电锤凿除。

（2）开槽宽度：根据回路的多少确定配管的多少，进而确定开槽的宽度。开槽的宽度尺寸一般为所需布管总直径的1.5倍，但总宽度不得超过30mm。

（3）开槽深度：正常情况下，开槽深度宜为配管直径+10mm。如选用直径为16mm的PVC管，则开槽深度宜为26mm；如选用直径为20mm的PVC管，则开槽深度宜为30mm，以此类推。如开槽遇到结构钢筋，无法达到预埋置深度，则可采用黄蜡管代替PVC管（需提前与甲方沟通并签字确认）。

图2-1-14 墙面开槽

（4）杜绝直接用电锤进行开槽（防止墙面裂缝和空鼓）；严禁在混凝土墙、柱、梁上进行横向开槽，严禁切断结构钢筋；为防止外墙被雨水淋湿腐蚀内墙面，外保温墙不宜进行开槽布线；增强石膏条板隔墙、增强水泥条板隔墙上不得竖向通体开槽埋设线管，如须埋设线管，应在条板隔墙上下两端打孔穿线；增强石膏条板隔墙、增强水泥条板隔墙上不得横向开槽埋设线管（墙面会因重力下沉导致裂缝或危险），在实际施工中如必须进行横向开槽，则轻体墙开槽长度不宜大于300mm，砖墙或混凝土墙体横向开槽长度不宜大于500mm。

3）穿线管敷设

（1）按线路走向及终端位置，点对点进行预排，布管应排列整齐。

（2）PVC管制弯采用冷煨法，即将专用弯管弹簧插入管内需要煨弯部位，逐渐弯出需要的弯曲半径。PVC管最小弯曲半径不应小于管外径的6倍，弯曲角度不应小于90°。

（3）PVC管可直接用钢锯切割下料，切口要求整齐、光滑，严禁有裂缝、马蹄口、毛刺等缺陷。

（4）PVC管与锁扣、直接、接线盒及波纹管与接线盒、直接之间涂抹PVC胶进行粘接，涂刷均匀，粘接牢固可靠，接头不得放在月亮弯处。

（5）配管不应有折扁、裂缝，且弯曲处无明显褶皱；盒（箱）设置正确，牢固可靠，过梁、墙等处应有保护管。

（6）配管与盒（箱）连接应一管一孔；如多管进入盒（箱）时，应管口光滑、平整，护口齐全，长短一致，排列整齐，连接紧密、粘接牢固。

（7）配管进入盒（箱）处应顺直，在盒（箱）内露出长度应小于5mm。

（8）管与管之间应采用PVC直接连接，对口宜在套管中心并应连接牢固；线管与底盒、配电箱连接应使用专用护管及配件。

（9）电气管与电视、电话、网络、音响等弱电管线平行敷设时，其间距应大于300mm；交叉敷设时，其间距应大于100mm；上下敷设时，电气管应在其他管线上方。

（10）吊顶内敷设管线时，不应将配管固定在吊杆或龙骨上，配管距顶棚面间距应大于50mm。

（11）壁挂电视应预留空管，非承重墙用ϕ50 PVC管预留，混凝土墙用PVC2×40线槽预留。

（12）居室灯移位时，明装筒灯、射灯布线，可用黄蜡管代替配管。

（13）严禁在卫生间及其他须做防水的地表面敷设管线。

（14）PVC管之间不得使用90°弯头连接。

（15）如使用波纹管代替PVC管接至灯位，其长度不得超过1m。

（16）严禁将波纹管暗埋于灰层内。

4）穿线管固定

（1）顶面线管应在接线盒两边或线管端部100～150mm处用座卡固定（塑料胀塞+自攻螺钉），且相邻固定点间距不大于600mm。

（2）墙面明管固定：线管应在接线盒两边或线管端部100～150mm处用座卡固定（塑料胀塞+自攻螺钉），且相邻固定点间距不大于600mm。

（3）墙面暗管固定：槽内线管端部100～150mm处用铜丝固定（塑料胀塞+自攻螺钉），且相邻固定点间距不大于600mm。

（4）地面线管固定：地面线管距墙100～150mm处用1：2水泥砂浆进行打点固定（清扫基层+洒水湿润+素灰处理+砂浆固定），且相邻固定点间距不大于1000mm（图2-1-15）。

5）管内穿线

（1）电源线配线时，所用导线截面积应满足用电设备的最大输出功率，普通照明导线截面不得小于2.5mm²；普通插座导线截面不得小于2.5mm²；空调插座导线截面不得小于4mm²，并选用16A插座；进户导线截面不得小于10mm²。

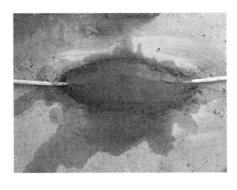

图 2-1-15　地面线管固定

（2）同一回路电线应穿入同一根管内，但管内总根数不应超过8根，电线总截面积（包括绝缘皮）不应超过管内截面积的40%。

（3）导线在盒（箱）内的导线应留有适当余量，以150mm为宜。

（4）导线在管内不得有接头、扭结、死弯、绝缘层破损等缺陷。

（5）电源线与电话线、通信线等不得安装在同一管道中。

（6）电源线与暖气、热水、燃气管之间的平行距离不应小于500mm，交叉距离不应小于100mm。

（7）导线对地间的绝缘电阻应大于0.5MΩ。

（8）开关、插座如须移位，则应将原线抽出，换为整线。

（9）各种强、弱电导线均不得出现裸露现象。

（10）严禁将各种强、弱电导线直接暗埋于抹灰层内。

6）导线连接

（1）铜线间用绞接法连接，长度不小于5圈；用绑扎法连接，则长度为线芯直径的10倍，连接后搪上焊锡，并用绝缘胶带包扎。

（2）导线的分支接头应设在接线盒、灯头盒、插座盒或开关盒内处理，每个接头上接线不应超过两根（接头不得在同一段发生）。

（3）如采用螺钉（螺帽）连接，导线无绝缘距离应不大于3mm。

（4）如采用连接器进行连接，须符合下列施工规范：

①按标定长度剥去导线外皮9～11mm。

②将剥去外皮的单股硬导线完全插入连接器的圆形孔。

③将方孔侧的活动部分压到底，把导线插入方孔松开即可，接头搭接应牢固，不伤线芯，接头不应受拉力且有足够强度。

（5）同一室内的用电系统中，不能使用两种保护方式（接地、接零）。

（6）高度低于2.4m的厨卫金属吊顶及灯具的金属外壳均要有接地保护。

（7）有线电视布线：应采用并联方法进行布线，即从本户终端信号源向各个所需地点进行分布，如超过两回路以上应加设多媒体盒，并使用专用分支器连接。

（8）网络布线：网络信号源一般从TP终端信号处连接，也可以连接YV终端信号，其连接方法相同，区域网连接应采用路由器连接，再从路由器并联分布到各居室所需点。

(9) 机顶盒超过1.5m以外，用专用视频线作信号连接线，套管用 ϕ 20PVC 单管；视频莲花插头待安装灯具时再作连接。

(10) 可视门铃及安防系统由客户与物业公司沟通并由专业人员进行改造。

(11) 中央空调及其他大负荷功率用电器，应计算电流负荷考虑线径大小，以免线径太小发热引发火灾。

(12) 卫生间（浴室）的局部等电位连接应与卫生间内金属给排水管、金属浴盆、金属采暖管、金属喷淋头、洗衣机等设备外壳相连通。

(13) 严禁将原等电位移位或损坏，如需隐蔽装修则必须预留检测口。

(14) 相线、零线、接地线的颜色应不同，配电箱及各回路配线均需按规范要求进行分色：相线（L）宜用红色，零线（N）宜用蓝色，接地线（PE）必须用黄绿双色线，灯头线宜用白色。同一住宅内配线颜色应统一，同一回路电线线径应一致。

（三）施工质量通病与防治

质量通病：插座或开关接线处打火。

1. 原因：电线与面板接线柱接触不良。

2. 防治方法：压接螺钉必须拧紧。

（四）质量标准

1. 网线、电话线必须接通并连接可靠。

检验方法：网络测试仪检查。

2. 强电导线接通并连接可靠。

检验方法：万用表检查。

3. 导线绝缘皮不得有破损。

检验方法：兆欧表检查，导线对地间电阻必须大于0.5MΩ。

（五）成品保护

1. 保护管、电线及其他材料进场后，应存入库房内码放整齐，上面不得放置重物。露天存放必须进行遮盖，保证各种材料不受潮、不霉变、不变形。

2. 地面管线须用水泥打点固定牢固，以防现场踩踏导致保护管间松动脱落。

3. 暗盒须用盖板封堵，以防砂浆或石膏腻子污染底盒。

4. 导线端部须用压线帽保护，以防触电。

（六）应注意的质量问题

1. 若原建筑底盒分线处需预留检修口，应加明分线盒，接线完成后，加装白板，卫生间等潮湿的地方，分线盒内导线连接处应用防水胶带缠绕密封。

2. 厨、卫墙面及需贴砖原墙面，暗盒须用1:2的水泥砂浆进行固定，不得用石膏固定，以避免贴砖后出现空鼓；暗盒四周灰浆须填实，无空鼓。

3. 用乳胶漆、壁纸等材质饰面的原墙面，须用石膏或配比砂浆固定底盒，灰浆要求与原墙面刮抹齐平；底盒表面须平整、盒内及四周干净、整洁、无污迹；底盒四周灰浆填实，无空鼓。

4．等电位接线需用截面为4mm²BVR软芯铜线，不得用BV电线代替。

（七）质量记录

参见各地具体要求，例如各地建筑工程施工质量验收规范及实施指南等。

（八）安全环保措施

1．安全操作要求

1）施工中使用的电动工具及电气设备，均应符合国家现行标准《施工现场临时用电安全技术规范》JGJ 46—2005的规定。

2）施工中使用的各种架子搭设应符合安全规定，并经安全部门检查合格。铺板不得有探头板和飞挑板。采用高凳上铺脚手板时，宽度不得少于两块脚手板（宽500mm），间距不得大于2m，移动高凳时上面不得站人，作业人员最多不得超过2人。

3）在高处作业时，上面的材料码放必须平稳可靠，工具应放入工具袋内，不得乱放。工人进入施工现场应戴安全帽，2m以上作业必须系安全带并应穿防滑鞋。

4）电、气焊工应持证上岗并配备防护用具，使用电、气焊等明火作业时，应清除周围及焊渣溅落区的可燃物，并设专人监护。

2．环保措施

1）施工用的各种材料应符合现行国家标准《民用建筑工程室内环境污染控制规范》GB 50325—2010（2013年版）的规定。

2）施工现场垃圾不得随意丢弃，必须做到工完料尽场清。清扫时应洒水，不得扬尘。

3）施工空间应尽量封闭，以防止噪声污染、扰民。

4）废弃物应按环保要求分类堆放，并及时清运。

五、（子任务五）家装给水工程改造

（一）施工准备

1．依据

装饰施工依据：《住宅装饰装修工程施工规范》GB 50327—2001、《给水排水管道工程施工及验收规范》GB 50268—2008、《建筑给水塑料管道工程技术规程》CJJ/T 98—2014、《建筑给水排水及采暖工程施工质量验收规范》GB 50242—2002。

2．技术要点概况分析

用水设备给水点位的确定、管路的敷设、管道的连接（图2-1-16）。

3．操作准备（技术、材料、设备、场地等）

图2-1-16　管道的连接

1）技术准备

（1）熟悉施工图纸及设计说明，依据设计图纸对洗衣机、坐便器、洗面盆、拖布池、浴缸、淋浴房等用水设备的位置进行画线定位。发现问题及时向设计单位提出，并办理洽商变更手续。

（2）根据设计图纸方案、用水设备的画线定位位置，结合现场实际情况，确定给水走向、给水口标高等终端位置。

（3）编制施工方案并经审批后执行。

（4）施工前先做样板间（段），经现场监理、建设单位检验合格并签字确认后方可执行。

（5）对操作人员进行安全技术交底。

2）材料要求：PP-R给水管、PP-R给水管配件、波纹管、阀门、管卡、胀塞、自攻螺钉等。各种材料必须符合国家现行标准的有关规定。应有出厂质量合格证、性能及环保检测报告等质量证明文件。

（1）PP-R给水管：PP-R管又称为三丙聚丙烯管或无规共聚聚丙烯管，既可以用作冷水管，也可以用作热水管，其具有质轻、环保、耐腐蚀、内壁光滑不结垢、施工方便、使用寿命长等诸多优点。管材按尺寸分为S5、S4、S3.2、S2.5、S2五个系列。

（2）PP-R给水管配件：等径直接、异径直接、等径90°弯头、等径45°弯头、活接内牙弯头、带座内牙弯头、90°承口外螺纹弯头、90°承口内螺纹弯头、过桥弯头、等径三通、异径三通、承口内螺纹三通、承口外螺纹三通、双联内丝弯头、管卡、胀塞、自攻螺钉等，应符合设计要求。

（3）辅料：生料带等。

3）主要机具

（1）机具：红外线水平仪、手提式切割机、角磨机、手枪钻、热熔机、冲击电锤。

（2）工具：钳子、美工刀、灰刀、螺钉旋具、管剪等。

（3）计量检测用具：墨斗、钢卷尺、水平尺、线锤等。

（4）安全防护用品：安全帽、安全带等。

4）作业条件

（1）原建筑入场验收合格。

（2）水路交底已经完成，各用水设备的水口终端位置已经确定。

（3）各种材料配套齐全，材料已进场，并已进行了检测或复验。

（4）拆除工程、砌筑工程已经完成并经验收合格。

（5）入场电路材料经甲方及监理验收合格并签字确认。

（6）室内环境应干燥，通风良好。

（7）施工所需的工具、设备已准备就绪。

（8）施工现场所需的临时用水、用电、各工种机具准备就绪。

（9）原建筑下水管口保护完毕，以防杂物落入堵塞管道。

（二）主要施工方法与操作工艺

1. 工艺流程

定位弹线→出水口高度确定→开槽→PP-R管管路敷设→PP-R管管材切割→PP-R管管道连接→PP-R管管道固定。

2. 施工工艺及要点

1）定位弹线：根据设计方案，确定净水器、热水器、厨宝、厨房水槽、浴缸、淋浴房、洗面盆、洗衣机、坐便器、拖布池等用水设备的位置，并结合现场及生活实际情况，确定管路走向、标高及冷热水口等终端位置后，用墨斗弹出开槽的具体线路。

2）出水口高度确定：预留洗菜盆管口中心距地面高度宜为400mm，预留燃气热水器管口中心距地面高度宜为1300mm（冷热水管口中心间距以相关产品专业数据为准），预留台盆管口中心距地面高度宜为500mm，预留淋浴管口中心距地面高度宜为1200mm（冷热水管口中心间距以相关产品专业数据为准），预留简易淋浴房管口中心距地面高度宜为1200mm（冷热水管口中心间距以相关产品专业数据为准），预留整体淋浴房管口中心距地面高度以设计要求为准（冷热水管口中心间距以相关产品专业数据为准），预留浴缸管口中心距地面高度宜为350mm（冷热水管口中心间距以相关产品专业数据为准），预留坐便器管口中心距地面高度宜为200mm（下水口正中左、右方300mm不显眼处），预留挂式小便器管口中心距地面高度以设计要求为准，预留拖布池管口中心距地面高度宜为750mm，预留电热水器管口中心距地面高度宜为1700mm（冷热水管口中心间距以相关产品专业数据为准），预留洗衣机管口中心距地面高度宜为1200mm，预留鱼缸管口中心距地面高度以设计要求为准，预留混水阀冷热水口中心间距宜为150mm。以上标高均属常规施工数据，甲方、产品及现场特殊要求（情况）除外。

3）开槽：开槽时须用手持切割机沿线进行切割，然后用冲击钻或电锤凿除，杜绝直接用电锤进行开槽（防止墙面裂缝或空鼓）；开槽宽度及深度宜为管直径+10mm；凹槽内必须平整，不得有尖角等凸出物；严禁在混凝土墙、柱、梁、外保温墙体上进行横向开槽，严禁切断结构钢筋；增强石膏条板隔墙、增强水泥条板隔墙上不得横向开槽布管，在实际施工中如必须进行横向开槽，则轻体墙开槽长度不得大于300mm，砖墙或混凝土墙横向开槽长度不得大于500mm。

4）PP-R管管路敷设：给水管敷设宜走直不走斜，水平管道应有2‰～5‰的泄水坡度；冷热水管交叉安装时应遵循上热下冷，平行安装时应左热右冷；冷热水管不得同槽敷设；局部改造的冷热水管径规格必须与原建筑所配管径保持一致。

5）PP-R管管材切割：管材切割应使用专用管剪进行剪切，管剪刀片卡口应调整到与所切割管径相符，旋转切断时应均匀加力；管的断面应同管轴线垂直、无毛刺。

6) PP-R管管道连接: PP-R管道连接宜采用手持式熔接器进行热熔连接 (图2-1-17); PP-R管热熔连接前, 应先清除管道及附件上的灰尘及异物; PP-R管热熔连接时, 应无旋转地把管端插入加热套内, 达到预定深度, 同时, 无旋转地把管件推到加热头上加热, 达到加热时间后, 立即把管子与管件从加热套与加热头上同时取下, 迅速均匀用力, 无旋转地插入所要求的深度, 使接头处形成均匀凸缘; PP-R管在规定的加热时间内, 刚熔接好的接头可进行校正, 但严禁旋转 (将加热后的管材和管件垂直对准推进时用力不要过猛, 防止弯头弯曲); PP-R管热熔连接完毕, 必须紧握管子与管件保持足够的冷却时间, 冷却到一定程度后方可松手 (表2-1-2)。

图2-1-17　PP-R管道连接

PP-R管材和管件的热熔深度要求　　　　　　表2-1-2

PP-R管径	热熔深度	加热时间	加工时间	冷却时间
20mm	14mm	5s	4s	2min
25mm	15mm	7s	4s	2min
32mm	16.5mm	8s	6s	4min
40mm	18mm	12s	6s	4min

当PP-R管与金属管件连接时, 应采用带金属嵌件的PP-R管作为过渡, 该管件与PP-R管采用热熔承插式连接, 与金属管件或卫生洁具的五金配件连接时, 采用螺纹连接, 宜以聚丙乙烯生料带作为密封填充物 (安装时, 不得用力过猛, 以免损伤丝扣配件, 造成连接处渗漏)。

7) PP-R管管道固定: PP-R管道在隐蔽埋设前, 应根据不同管径和要求设置固定点, 固定位置应准确, 固定点应紧密、牢固, 不得损伤管道表面。PP-R冷热水管距弯头150mm以内处必须进行打点固定; 明装的管道用金属卡或专用塑卡连接件固定, 混凝土墙或砖墙的槽内管道应用铜丝进行固定 (塑料胀塞+自攻螺钉, 当墙体为多孔砖墙、增强石膏条板隔墙或增强水泥条板隔墙时, 应用水泥砂浆对孔洞填实后再进行规范固定; 当墙体为轻质隔墙时, 应在墙体内设后置埋件, 后置埋件应与墙体连接牢固)。

（三）施工质量通病与防治

质量通病: 水管直接处漏水。

1. 原因

熔接不规范, 使用劣质材料, 使用劣质热熔工具。

2. 防治方法

（1）使用专用配套工具。

（2）使用质量合格的管材。

（3）操作规范，热熔过程中确保管材内壁干燥，管材熔接时不得旋扭。

（四）质量标准

1. PP-R管路是否连接可靠、无渗漏

检验方法：施工完毕对管道可靠固定后，将试压管段末端进行封堵，分楼层缓慢注水，将管内气体排出，系统充水后进行强度严密性压力测试（图2-1-18），用手压泵缓慢注水升压至试验压力：试验压力为系统工作压力（系统工作压力为0.4MPa）的1.5倍（即为0.6MPa），但不得小于0.6MPa，稳压2h，进行外观检查，不渗、不漏、压力下降不超过0.05MPa即为合格。

图2-1-18　管路压力
测试

2. 检查PP-R管路有无堵塞或冷热水混接

检验方法：对每个水口进行通水试验，确保水流正常无阻塞，分别检查冷热水系统有无混接现象。

（五）成品保护

1. PP-R水管、配件及其他材料进场后，应存入库房内码放整齐，上面不得放置重物。露天存放必须进行遮盖，保证各种材料不受潮、不霉变、不变形。

2. 地面给水管线须用水泥打点固定牢固，以防现场踩踏导致保护管受损。

3. 给水口须用专用堵帽封堵。

（六）应注意的质量问题

1. 给水管道必须采用与管材相适应的管件，不同品牌的管材不允许混合使用。

2. 生活给水系统所涉及的材料必须达到饮用水的卫生标准。

（七）质量记录

参见各地具体要求，例如各地建筑工程施工质量验收规范及实施指南等。

（八）安全环保措施

1. 安全操作要求

（1）施工中使用的电动工具及电气设备，均应符合国家现行标准《施工现场临时用电安全技术规范》JGJ 46—2005的规定。

（2）施工中使用的各种架子搭设应符合安全规定，并经安全部门检查合格。铺板不得有探头板和飞挑板。采用高凳上铺脚手板时，宽度不得少于两块脚手板（宽500mm），间距不得大于2m，移动高凳时上面不得站人，作业人员最多不得超过2人。

（3）在高处作业时，上面的材料码放必须平稳可靠，工具应放入工具袋内，不得乱放。工人进入施工现场应戴安全帽，2m以上作业必须系安全带并应穿防滑鞋。

（4）电、气焊工应持证上岗并配备防护用具，使用电、气焊等明火作业时，应清除周围及焊渣溅落区的可燃物，并设专人监护。

2. 环保措施

（1）施工用的各种材料应符合现行国家标准《民用建筑工程室内环境污染控制规范》GB 50325—2010（2013年版）的规定。

（2）施工现场垃圾不得随意丢弃，必须做到工完料尽场地清。清扫时应洒水，不得扬尘。

（3）施工空间应尽量封闭，以防止噪声污染、扰民。

（4）废弃物应按环保要求分类堆放，并及时清运。

六、（子任务六）排水工程改造

（一）施工准备

1. 依据

装饰施工依据：《住宅装饰装修工程施工规范》GB 50327—2001、《给水排水管道工程施工及验收规范》GB 50268—2008、《建筑给水排水及采暖工程施工质量验收规范》GB 50242—2002。

2. 技术要点概况分析

设备排水点位的确定、管路的敷设、管道的连接。

3. 操作准备（技术、材料、设备、场地等）

1）技术准备

（1）熟悉施工图纸及设计说明，依据设计图纸对洗衣机、坐便器、洗面盆、拖布池、浴缸、淋浴房等设备的位置进行画线定位。发现问题及时向设计单位提出，并办理洽商变更手续。

（2）根据设计图纸方案、设备的画线定位位置，结合现场实际情况，确定排水口终端位置。

（3）编制施工方案并经审批后方可执行。

（4）施工前先做样板间（段），经现场监理、建设单位检验合格并签字确认后方可执行。

（5）对操作人员进行安全技术交底。

2）材料要求：PVC排水管、PVC排水管配件、管卡、胀塞、自攻螺钉等。各种材料必须符合国家现行标准的有关规定。材料应有出厂质量合格证、性能及环保检测报告等质量证明文件。

（1）PVC排水管：PVC排水管具有内壁光滑、水阻力小、耐腐蚀、不结垢、能抑制细菌生长、有利于水质不受管道二次污染的优点。

（2）PVC排水管配件：直接、吊卡、立管卡、管帽、伸缩节、异径弯头、四通、立体四通、立管检查口、45°弯头、45°弯头带检查口、45°斜三通、90°弯头、90°弯头带检查口、S形存水弯、P形存水弯、承插存水弯（图2-1-19）。

（3）辅料：PVC胶等。

3）主要机具

（1）机具：红外线水平仪、手提式切割机、角磨机、钢锯、手枪钻、冲击电锤。

图 2-1-19　检查 PVC 排水管配件

（2）工具：钳子、美工刀、灰刀、螺钉旋具、管剪等。

（3）计量检测用具：墨斗、钢卷尺、水平尺、线锤等。

（4）安全防护用品：安全帽、安全带等。

4）作业条件

（1）原建筑入场验收合格。

（2）水路交底已经完成，各用水设备的水口终端位置已经确定。

（3）各种材料配套齐全，已进场，并已进行了检测或复验。

（4）拆除工程、砌筑工程已经完成并经验收合格。

（5）入场电路材料经甲方及监理验收合格并签字确认。

（6）室内环境应干燥，通风良好。

（7）施工所需的工具、设备已准备就绪。

（8）施工现场所需的临时用水、用电、各工种机具准备就绪。

（9）原建筑下水管口保护完毕，以防杂物落入堵塞管道。

（二）主要施工方法与操作工艺

1. 工艺流程

管道定位→预制加工→立管安装→横管安装→支、吊架固定→封口堵洞。

2. 施工工艺及要点

1）管道定位

（1）根据设计要求弹出管路走向。

（2）根据设计方案、用电设备的位置并结合现场实际情况，确定排水管线走向、排水口终端位置后，用墨斗弹出管路走向标线。

2）预制加工（PVC管）

硬聚氯乙烯管预制加工：根据现场实际情况，按预留口位置测量管道尺寸，并进行断管；断口要平齐，用铣刀或刮刀除掉断口内外飞刺，外棱铣出15°角；粘接前应对承插口先进行插入试验，一般插入承插口的深度宜为总深度的3/4；试插合格后，将承插口需粘接部分的水分、灰尘擦拭干净，如有油污需用丙酮除掉；用毛刷涂抹黏结剂，先涂抹承插口，后涂抹插口，随即用力垂直插入，插入粘接时将插口稍作转动，以利黏结剂分布均匀，约30～60s即可粘接牢固；牢固后立即将溢出的黏结剂擦拭干净；多口粘接时应注意预留口方向；黏结剂容易挥发，使用后应随时封盖，冬季施工进行粘接时，凝固时间为2～3min；粘接场所应通风良好，远离明火。

3）立管安装

管道安装宜自下而上分楼层进行，宜先装立管，后装横管，并做临时固定；管道安装告一段落时，应将敞口及时进行临时封堵，以防建筑垃圾进入管内；管道安装宜进行画线，保证立管的垂直度、横管的坡度（图2-1-20）；横管和立管的伸缩节安装应

图2-1-20　确保立管垂直横管坡度

注意橡胶圈位置，严格防止胶圈顶偏、顶歪；伸缩节应注意施工时的季节，根据环境温度，拉动伸缩节，使管道与伸缩节的底部之间预留15~25mm的伸缩量，冬季安装预留25mm，夏季安装预留15mm；伸缩节安装结束，应及时固定管道系统。

4）横管安装

在转角小于135°的污水横管上，应设置检查口或清扫口。

生活污水PVC管道的坡度必须符合设计或表2-1-3的规定。

生活污水PVC管道的坡度要求　　　　　　　　　　表2-1-3

项次	管径	标准坡度	最小坡度
1	50mm	25‰	12‰
2	75mm	15‰	8‰
3	110mm	12‰	6‰
4	125mm	10‰	5‰
5	160mm	7‰	4‰

5）支、吊架固定

支、吊架安装配件齐全，固定可靠、无松动。见表2-1-4。

支、吊架固定要求　　　　　　　　　　表2-1-4

管径	50mm	75mm	110mm	125mm	160mm
立管	1.20m	1.50m	2.0m	2.0m	2.0m
横管	0.5m	0.75m	1.10m	1.30m	1.60m

6）封口堵洞

用细石混凝土将现浇板上的孔洞进行封堵（封堵前用木板将立管进行固定），封堵应密实、牢固；用PVC管帽对预留PVC管口进行封堵。

（三）施工质量通病与防治

质量通病：下水管口返臭。

1. 原因：下水管未加存水弯。

2. 防治方法：下水管必须加存水弯，如原建筑未加存水弯，则应考虑重新加存水弯或安装防臭地漏。

（四）质量标准

灌水试验：将气囊接出一根5m长的气管（可用氧气袋子代替），自预留口慢慢放置于下层接口以下处，对气囊进行充气；从预留口处进行灌水，灌水高度应不低于器具与PVC管连接最低高度；灌水15min后，再灌水至要求高度观察5min，液面不下降，管道及接口处无渗漏即可。

（五）成品保护

1．PVC排水管及其他材料进场后，应存入库房内码放整齐，上面不得放置重物。露天存放必须进行遮盖，保证各种材料不受潮、不霉变、不变形。

2．布置好的排水管须固定牢固，以防现场踩踏或重物撞击导致排水管破裂。

3．下水管口须用堵帽封堵严密。

（六）应注意的质量问题

1．下水管坡度设置应合理，防止下水管内积水（图2-1-21）。

2．下水管应固定牢固，防止排水产生的振动导致下水管衔接处松动。

图2-1-21　下水管设置坡度

（七）质量记录

参见各地具体要求。

（八）安全环保措施

1．安全操作要求

1）施工中使用的电动工具及电气设备，均应符合国家现行标准《施工现场临时用电安全技术规范》JGJ 46—2005的规定。

2）施工中使用的各种架子搭设应符合安全规定，并经安全部门检查合格。铺板不得有探头板和飞挑板。采用高凳上铺脚手板时，宽度不得少于两块脚手板（宽500mm），间距不得大于2m，移动高凳时上面不得站人，作业人员最多不得超过2人。高度超过1m时，应由架子工搭设脚手架。

3）在高处作业时，上面的材料码放必须平稳可靠，工具不得乱放，应放入工具袋内。工人进入施工现场应戴安全帽，高度2m以上作业必须系安全带并应穿防滑鞋。

4）电、气焊工应持证上岗并配备防护用具，使用电、气焊等明火作业时，应清除周围及焊渣溅落区的可燃物，并设专人监护。

2．环保措施

1）施工用的各种材料应符合现行国家标准《民用建筑工程室内环境污染控制规范》GB 50325—2010（2013年版）的规定。工程所使用的胶合板、玻璃胶、防腐涂料、防火涂料应有正规的环保监测报告。

2）施工现场垃圾不得随意丢弃，必须做到工完场清。清扫时应洒水，不得扬尘。

3）施工空间应尽量封闭，以防止噪声污染、扰民。

4）废弃物应按环保要求分类堆放，并及时清运。

实训内容：隔墙的施工

第二节　任务二、家装工程地面装饰施工

家装地面的类型主要有木地面施工、石材地面施工、软质制品地面铺装施工，下面，我们来依次学习。

一、（子任务一）木地面（木地板）的铺装施工

（一）施工准备

1. 依据

装饰施工依据：《建筑装饰装修工程质量验收标准》GB 50210—2018。

2. 技术要点概况分析

抄平弹线、地板铺装方法、踢脚线安装处理方法。

3. 操作准备（技术、材料、设备、场地等）

1）技术准备

（1）木地板面层下的各层做法已按设计要求施工并验收合格。

（2）样板间或样板块已经得到认可。

2）材料要求

各类木地板、踢脚线、防潮垫等材料均应符合现行国家标准和行业标准的规定。应有出厂质量合格证、性能及环保检测报告等质量证明文件。人造板材应有甲醛含量检测（或复验）报告，应对其游离甲醛含量或释放量进行复验，并应符合现行国家标准《室内装饰装修材料　人造板及其制品中甲醛释放限量》GB 18580—2017的规定。

3）主要机具

（1）根据施工条件，应合理选用适当的机具设备和辅助用具，以能达到设计要求为基本原则，兼顾进度、经济要求。

（2）机具：激光标线仪、手提式电动圆锯等。

（3）工具：角度锯、螺机、水平仪、水平尺、小线、錾子、刷子、钢丝刷等。

（4）计量检测用具：水准仪、靠尺、钢卷尺、水平尺等。

（5）安全防护用品：安全帽、防尘面具等。

4）作业条件

（1）材料已经检验完毕并符合要求。

（2）已对所覆盖的隐蔽工程进行验收且合格，并进行隐蔽工程检查会签。

（3）施工前，应做好水平标志，以控制铺设的高度和厚度，可采用竖尺、拉线、弹线等方法。

（4）对所有作业人员已进行了技术交底。

（5）作业时的施工条件（工序交叉、环境状况等）应满足施工质量可达到标准的要求。

(二)主要施工方法与操作工艺

1. 工艺流程

基层处理→衬垫层铺设→板面试铺→正式铺装→踢脚板安装→边口及接缝压条安装→清理、验收。

2. 施工工艺及要点

1）基层处理：基层表面应平整，否则应经批刮处理。地板铺装前，务使基层干燥。

2）衬垫铺设：基层清理干净后铺设衬垫，衬垫卷材铺设方向应与地板条铺设方向垂直（图2-2-1）。

3）板面试铺：板面试铺装时不涂胶水。第一块板的纵向及端头凹槽朝向两边墙壁，用木楔插入板与墙之间，使空隙保持为10~14mm。沿板条方向槽榫相接试铺第一行。第一行最后一块整板端部与墙面间的空档，

图 2-2-1 衬垫铺设

应以放下约半块条板和一块工具式木楔为准。为使整块条板准确锯下所需半块板的长度，可将一整块板半铺于第一行最后一块整板之内侧，在其端部与墙之间插一工具式木楔，再用铅笔和尺在这块板上将第一行最后一块板面端线引出的延长线画好，再按此线锯下，并装在第一行的端部，同时插好与墙面间隙的木楔。锯下的余料长度如不小于300mm，即可作为第二行的首块，以保证相邻板材接头位置错开不小于300mm距离（图2-2-2）。继续试铺第二行，如无意外，可结束试铺。拆开试铺板榫槽，准备正式铺装。

4）正式铺装：铺装时，操作环境温度不低于+10℃。榫和槽之间用专用胶水粘牢，并在纵向侧面及端部侧面加垫工具式木块，用铁锤敲紧，末块板或末行板则用专用拉紧器。木板铺贴时，随手用湿布抹净挤出的胶水（图2-2-3）。

图 2-2-2 板面试铺

末块板所需宽度常小于整板宽度再加木楔之和，需将整板沿其长度方向锯开。画锯开线方法类似于端头半块板的画法，在粘铺好的末行整板面上浮搁两块整板，下面一块内测边缘与贴铺好的纵向缝对齐，上面一块外

图 2-2-3 正式铺装

图2-2-4 铺好后的地板连为一体

图2-2-5 安装踢脚板

侧与墙面之间插两块木楔，再沿其内测边缘在下块板面上画出锯开线。然后即可铺装，并用专用拉紧器使端部及侧边榫槽拉紧，整间地板连成一个整体（图2-2-4）。

5）安装踢脚板：整间地板铺装完，待胶水干固后，拔出四周木楔。整间地板与四周墙之间留有10～14mm空隙，空隙间不得填塞任何东西，以固定在墙上的配套踢脚板封盖。踢脚板表面应光滑，接缝严密、高度一致（图2-2-5）。

6）边口及接缝压条安装：在门口的边口暴露处或大面积铺装长度小于10m时的分仓接缝处，加钉铜质或铝合金专用封口压条，或分仓接缝压条。各式压条内部均使地板留有10～14mm的间隔。

7）清理验收：木地板表面已经过特殊处理，无需抛光、涂漆、打蜡，铺好后即可清理、验收。

（三）施工质量通病与防治

质量通病：铺完地板后，人行走时有响声。

1．原因：基层不平整，衬垫没有垫实、垫平，有空隙，没有符合要求。

2．防治方法：要求在地板铺装前，先检查基层及衬垫铺设是否平整，再铺木地板。

（四）质量标准

1．主控项目

1）木地板面层所采用的条材和块材，其技术等级及质量要求应符合设计要求。

检验方法：观察检查和检查材质合格证明文件及检测报告。

2）面层铺设应牢固，粘贴无空鼓。

检验方法：观察、脚踩或用小锤轻击检查。

2．一般项目

1）木地板面层图案和颜色应符合设计要求，图案清晰，颜色一致，板面无翘曲。

检验方法：观察，用2m靠尺和楔形塞尺检查。

2）面层的接头应错开、缝隙严密、表面洁净。

检验方法：观察检查。

3）踢脚线表面光滑，接缝严密，高度一致。

检验方法：观察，尺量检查。

4）允许偏差项目：木地板面层的允许偏差和检验方法应符合表2-2-1的规定。

木地板面层的允许偏差和检验方法　　　　表2-2-1

项次	项目	允许偏差/mm	检查方法
1	板面缝隙宽度	0.5	用钢尺检查
2	表面平整度	2.0	2m靠尺和楔形塞尺检查
3	踢脚线上口平齐	3.0	拉5m通线，不足5m拉通线和用钢尺检查
4	板面拼缝平直	3.0	
5	相邻板材高差	0.5	用钢尺和楔形塞尺检查
6	踢脚线与面层的接缝	1.0	楔形塞尺检查

（五）成品保护

1．施工时应注意对定位定高的标准杆、尺、线予以保护，不得触动、移位。

2．对所覆盖的隐蔽工程要有可靠保护措施，不得因铺设木地板面层造成漏水、堵塞、破坏或降低等级。

3．木地板面层完工后应进行遮盖和拦挡，避免受损。

4．后续工程在木地板面层上施工时，必须进行遮盖、支垫，严禁直接在木地板面上动火、焊接、和灰、调漆、支铁梯、搭脚手架等。

（六）应注意的质量问题

1．作业环境：在施工过程中应注意对已经完成的隐蔽工程管线和机电设备的保护，各工种间搭接应合理，同时注意施工环境，不得在扬尘、湿度大等不利条件下作业，基层应干燥。

2．行走有声响：地板的平整度不够，地板有凸起的地方；地板的含水率过大，铺设后变形。

3．板面不洁净：地面铺完后未作有效的成品保护，受到外界污染。

4．不合格：凡检验不合格的部位，均应返修或返工纠正，并制定纠正措施，防止再次发生。

（七）质量记录

参见各地具体要求，例如各地建筑工程施工质量验收相关规范及实施指南等。

（八）安全环保措施

1．安全操作要求

1）施工中使用的电动工具及电气设备，均应符合国家现行标准《施工现场临时用电安全技术规范》JGJ 46—2005的规定。

2）施工所用机械的噪声等应符合环保要求。

3）防止机械伤人。

2．环保措施

1）施工用的各种材料应符合现行国家标准《民用建筑工程室内环境污染控制规范》GB 50325—2010（2013年版）的规定。

2）施工现场必须工完场清。设专人打扫，不能扬尘、污染环境。

3）有噪声的电动工具应在规定的作业时间内施工，防止噪声污染、扰民。

二、（子任务二）石材地面的铺装施工

（一）施工准备

1．依据

装饰施工依据：《建筑装饰装修工程质量验收标准》GB 50210—2018。

2．技术要点概况分析

基层处理、抄平放线、砂浆拌制、铺设、蓄水试验的处理方法。

3．操作准备（技术、材料、设备、场地等）

1）技术准备

（1）熟悉图纸，了解各部位尺寸和做法，弄清洞口、边角等部位之间的关系，画出大理石、花岗石地面的施工排板图。排板时注意非整块石材应放于房间的边缘，不同材质的地面交接处应在门口分开。

（2）工程技术人员应编制地面施工技术方案，并向施工队伍作详尽的技术交底。

（3）各种进场原材料规格、品种、材质等符合设计要求，质量合格证明文件齐全，进场后进行相应验收，需复试的原材料进场后必须进行相应复试检测，合格后方可使用；并有相应施工配比通知单。

（4）已做好样板，并经各方验收。

2）材料要求

（1）大理石、花岗石块均应为加工厂的成品，其品种、规格、质量应符合设计和施工规范要求，在铺装前应采取防护措施，防止出现污损、泛碱等现象。

（2）水泥：宜选用普通硅酸盐水泥，强度等级不小于32.5级。

（3）砂：宜选用中砂或粗砂（图2-2-6）。

（4）擦缝用白水泥、矿物颜料或专用勾缝剂，清洗用草酸、醋。

3）主要机具

（1）根据施工条件，应合理选用适当的机具设备和辅助用具，以能达

图2-2-6　砂

到设计要求为基本原则，兼顾进度、经济要求。

（2）机具：激光标线仪，手提式电动石材切割机或台式石材切割机，干、湿切割片，手把式磨石机，手电钻。

（3）工具：修整用平台、木楔、灰簸箕、橡皮锤或木槌、小线、手推车、铁锨、浆壶、水桶、喷壶、铁抹子、木抹子、墨斗、尼龙线、扫帚、钢丝刷等。

（4）计量检测用具：水准仪、靠尺、钢卷尺、水平尺等。

（5）安全防护用品：安全帽、防尘面具等。

4）作业条件

（1）大理石板块（花岗石板块）进场后应侧立堆放在室内，侧立堆放时，底下应加垫木方，详细核对品种、规格、数量、质量等是否符合设计要求，有裂纹、缺棱掉角的不能使用。

（2）设加工修整平台，安装好台钻及砂轮锯，并接通水、电源，需要切割钻孔的板，在安装前加工。

（3）室内抹灰、地面垫层、水电设备管线等均已完成。

（4）室内四周墙上弹好水准基准墨线（如＋500mm水平线）。对所有作业人员已进行了技术交底。

（5）施工操作前应画出大理石、花岗石地面的施工排板图，碎拼大理石、花岗石应提前按图预拼编号。

（二）主要施工方法与操作工艺

1. 工艺流程

基层处理→选板→试拼→弹线→试排→板块浸水→摊铺砂浆结合层→板块铺砌→擦缝→铺设踢脚线→打蜡→清理验收。

2. 施工工艺及要点

1）基层处理：清除基层表面的灰尘、垃圾等，达到表面干净无油垢。

2）选板：大理石（或花岗石）板块铺砌之前须认真进行选材，板材有裂缝、掉角、翘曲和表面有缺陷时应予以剔除，品种不同的板材不得混杂使用。

3）试拼：根据具体设计地面详图中的板块尺寸、花色规格、图案组合、地面周边处理及板块间缝隙宽度等，将地面详图翻成大样，以选好的板块进行具体试拼。试拼后将全部板块一一编号，码放备用。

4）弹线：根据具体设计地面标高进行找平，将地面标高线弹在四周墙面上，与室内地面直接相通的室外地面，应将地面标高线与室外拉通。在房间中央取好中点，拉互相垂直的纵横十字控制线，将之弹于基层上并引至周边墙面上。

5）试排：在房间内两个相互垂直的方向铺两条干砂，其宽度大于板块宽度，厚度应稍低于地面标高线。根据具体设计要求将大理石（或花岗石）在砂条上排好，以便检查板块间的缝隙，核对板块与墙面、柱面、管线洞口等部位的相对位置（图2-2-7）。

6）板块浸水：在铺砌大理石（或花岗石）板块时，板块应先用水浸湿，待擦干或表面晾干后备用。

图 2-2-7 试排
图 2-2-8 摊铺砂浆结
合层

7）摊铺砂浆结合层：试铺后将板块和干砂移开，将基层表面清理干净后洒水湿润，上面刷水灰比为0.4～0.5的水泥浆一道，随刷随铺1:2～1:3干硬性水泥砂浆，水泥砂浆稠度以标准圆锥体沉入深度为25～35mm为准。由于铺砌大理石（或花岗石）板块时应由十字控制线中间开始向两侧采用退步方法进行铺砌，因此在摊铺砂浆结合层时，应根据所拉十字控制线分格摊铺。每次摊铺的面积，应较纵、横两格长宽各超出20～30mm（即每次以摊铺两格为度），铺设的厚度控制在放上板块时比地面标高线高出3～4mm为宜（图2-2-8）。

砂浆结合层应从室内向门口摊铺，摊后用大杠刮平。再用木抹子拍实找平。

8）板块铺砌：砂浆结合层与板块应分段同时铺砌。按照大理石（或花岗石）板块试拼编号及试排时的板块间缝隙（当设计无规定时，板块间的缝隙宽度不应大于1mm），在十字控制线交点开始铺砌。铺砌时应对准纵横控制线将板块在已铺好的干硬性水泥砂浆上作初步试铺，用橡皮锤敲击，既要达到铺设高度，也要使结合层砂浆平整密实，根据锤击的空实声，搬起石板，增减砂浆，然后正式铺贴。先在水泥砂浆结合层上浇一层水灰比为0.5左右的素水泥浆，再安放板块，安放时应四角平稳下落，对准纵横控制线后，用橡皮锤轻敲振实，并对照水平线用水平尺找平。锤击时不要砸边角，垫木垫板敲击时，木垫板长度不得超过单块板的长度，也不要搭在另一块已铺设好的石板上敲击，以免引起空鼓。铺完第一块后，向两侧和后退方向顺序铺砌（图2-2-9）。

9）擦缝：在板块铺砌之后，应洒水养护1～2次，24h后进行擦缝。擦缝前将板块面层清扫干净，把板缝内松散砂浆用刀清除掉，然后根据板块颜色选择颜料和水泥拌合均匀，调成水泥砂浆，用长把刮板分成几次往缝内刮浆，以使缝隙密实并与板块相平，同时将板面上水泥浆擦净。

10）铺设踢脚线：铺设时均要试排，使踢脚线缝隙与地面大理石（或花岗石）缝相对应为宜，墙面阳角处，踢脚板的一端应切割成45°斜面碰角连接（图2-2-10）。

图 2-2-9　板块铺砌

11）打蜡：当板块面层的水泥砂浆结合层的抗压强度达到1.2MPa后，方可进行打蜡。

12）清理验收。

（三）施工质量通病与防治

质量通病：地面空鼓。

1. 原因

基层处理不当，砂浆配比不准确，材料不好，瓷砖浸泡时间不够，

图2-2-10　铺设踢脚线

砂浆厚薄不均匀，嵌缝不密实，瓷砖有隐伤。

2. 防治方法

1）认真清理基体表面浮灰油渍等杂物，严格控制水灰比，瓷砖浸透阴干，控制砂浆粘接厚度。对于房间的边、角处，以及空鼓面积不大于0.1m² 且无裂缝者，一般可不作修补。

2）对人员活动频繁的部位，如房间的门口、中部等处，以及空鼓面积大于0.1m²或虽面积不大，但裂缝显著者，应予翻修。

3）局部翻修应将空鼓部分凿去，四周宜凿成方块形或圆形，并凿进结合处30～50mm，边缘应凿成斜坡形。底层表面应适当凿毛。凿好后，将修补周围100mm范围内清理干净。修补前1～2d，用清水冲洗，使其充分湿润。修补时，先在底面及四周刷水灰比为0.4～0.5的素水泥浆一遍，然后用与面层相同材料的拌合物填补。如原有面层较厚，修补时应分次进行，每次厚度不宜大于20mm。终凝后，应立即用湿砂或湿草袋覆盖养护，严防早期产生收缩裂缝。

4）大面积空鼓，应将整个面层凿去，并将底面凿毛，重新铺设新面层。有关清理、冲洗、刷浆、铺设和养护等操作要求同上。

（四）质量标准

1. 主控项目

1）大理石、花岗石面层所用板块的品种、规格、质量必须符合设计要求。

检验方法：观察检查和检查材质合格记录。

2）面层与下一层应结合牢固，无空鼓。

检验方法：观察、脚踩或用小锤轻击检查。

2. 一般项目

1）大理石、花岗石表面应洁净、平整、无磨痕，且应图案清晰、色泽一致、接缝均匀、周边顺直、镶嵌正确，板块无裂纹、掉角、缺棱等缺陷。

检验方法：观察检查。

2）踢脚线表面应洁净，高度一致，结合牢固，出墙厚度一致。

检验方法：观察和用小锤轻击及钢尺检查。

3）面层表面的坡度应符合设计要求，不倒泛水、无积水；与地漏、管道结合处严密牢固，无渗漏。

检验方法：观察、尺量检查。

4）允许偏差项目：石材地面面层的允许偏差和检验方法应符合表2-2-2的规定。

石材地面面层的允许偏差和检验方法　　　　　　　　表2-2-2

项次	项目	允许偏差/mm	检查方法
1	表面平整	1.0	用2m靠尺和楔形塞尺检查
2	缝格平直	2.0	拉5m线和用钢尺检查
3	接缝高低差	0.5	用钢尺和楔形塞尺检查
4	踢脚线上口平直	1.0	拉5m线和用钢尺检查
5	板块间隙宽度	1.0	用钢尺检查

（五）成品保护

1．大理石（或花岗石）板块在搬运过程中应轻拿轻放，操作时应轻敲，并注意对成品的保护，防止碰撞和损坏。

2．面层铺设后表面应覆盖保护，当板块面层的水泥砂浆结合层的抗压强度达到1.2MPa后，方可上人行走。

（六）应注意的质量问题

1．板面空鼓：由于混凝土垫层清理不净或浇水湿润不够，刷素水泥浆不均匀或刷得面积过大、时间过长已风干，干硬性水泥砂浆任意加水，大理石板面有浮土未浸水湿润等因素，都易引起空鼓。因此必须严格遵守操作工艺要求，基层必须清理干净，结合层砂浆不得加水，随铺随刷一层水泥浆，大理石板块在铺砌前必须浸水湿润。

2．接缝高低不平、缝子宽窄不匀：主要原因是板块本身有厚薄及宽窄不匀、窜角、翘曲等缺陷，铺砌时未严格拉通线进行控制等。应预先严格挑选板块，凡是翘曲、拱背、宽窄不方正等块材应剔除不予使用。铺设标准块后，应向两侧和后退方向按顺序铺设，并随时用水平尺和直尺找准，缝子必须拉通线，不能有偏差。房间内的标高线要有专人负责引入，且各房间和楼道内的标高必须一致。

3．过门口处板块易活动：一般铺砌板块时均从门框以内开始，而门框以外与楼道相接的空隙（即墙宽范围内）面积均为后铺砌，因此过早上人易造成此处活动。在进行板块翻样提加工定货时，应同时考虑此处的板块尺寸，并同时加工，以便铺砌楼道地面板块时同时操作。

4．踢脚板不顺直，出墙厚度不一致：主要由于墙面平整度和垂直度不符合要求，镶踢脚板时未吊线、未拉水平线，随墙面镶贴而造成。在镶踢脚板前，必须先检查墙面的垂直度、平整度，如超出偏差，应先进行处理后再镶贴。

（七）质量记录

参见各地具体要求，如各地建筑工程施工质量验收相关规范及实施指南等。

（八）安全环保措施

1．安全操作要求

1）使用切割机、磨石机等手持电动工具之前，必须检查安全防护设施和漏电保护器，保证设施齐全、灵敏有效。

2）夜间施工或阴暗处作业时，照明用电必须符合施工用电安全规定。

3）大理石、花岗石等板材应堆放整齐稳定，高度适宜，装卸时应稳拿稳放。

2．环保措施

1）铺设施工时，应及时清理地面的垃圾、废料及边角料，严禁由窗口、阳台等处向外抛物。

2）切割石材应安排在白天进行，并选择在较封闭的室内，防止噪声污染，影响周围环境。

3）建筑废料和粉尘应及时清理，放置在指定地点，若临时堆放在现场，必要时还应进行覆盖，防止扬尘。

4）切割石材的地点应采取防尘措施，适当洒水。

三、（子任务三）软质制品（地毯）地面的铺装施工

（一）施工准备

1．依据

装饰施工依据：《建筑装饰装修工程质量验收标准》GB 50210—2018。

2．技术要点概况分析

弹线分格、铺设、毯板收口等安装处理方法（图2-2-11）。

3．操作准备（技术、材料、设备、场地等）

图2-2-11　地毯铺装技术处理方法

1）技术准备

(1) 木地板面层下的各层做法应已按设计要求施工并验收合格。

(2) 样板间或样板块已经得到认可。

2）材料要求

各类地毯、衬垫、胶黏剂、倒刺钉板条、铝合金倒刺条、压条等材料均应符合现行国家标准和行业标准的规定。地毯及辅材的品种、规格、颜色、主要性能和技术指标必须符合设计要求，应有出厂质量合格证、性能及环保检测报告等质量证明文件。

3) 主要机具

（1）根据施工条件，应合理选用适当的机具设备和辅助用具，以能达到设计要求为基本原则，兼顾进度、经济要求。

（2）机具：激光标线仪等。

（3）工具：裁毯刀、裁边机、地毯撑子（大撑子、小撑子）、扁铲、墩拐、手枪钻、割刀、剪刀、尖嘴钳子、漆刷、橡胶压边辊筒、熨斗、手锤、钢钉、小钉、吸尘器、垃圾桶、盛胶容器、修葺电铲等。

（4）计量检测用具：角尺、直尺、钢尺、合尺等。

（5）安全防护用品：安全帽、防尘面具等。

4) 作业条件

（1）在地毯铺设之前，室内装饰必须完毕。

（2）水泥类面层（或基层）表面应坚硬、平整、光洁、干燥，无凹坑、麻面、裂缝，并应清除油污、钉头和其他凸出物。

（3）应事先把铺设地毯的房间等四周的踢脚线固定并涂漆。踢脚线下口应离地面8mm左右，以便将地毯的毛边掩入踢脚板的下面。

（4）大面积施工前应先放出施工大样，并做样板，经质检部门鉴定合格后，方可组织按样板要求施工。对所有作业人员已进行了技术交底。

（5）作业时的施工条件（工序交叉、环境状况等）应满足施工质量可达到标准的要求。

（二）主要施工方法与操作工艺

1. 工艺流程

基层处理→弹线、套方、分格、定位→固定倒刺板→铺设衬垫→剪裁地毯→地毯拼缝→铺设地毯→细部处理及清理。

2. 施工工艺及要点

1) 基层处理：水泥类面层（或基层）应具有一定的强度，含水率不应大于8%，要求表面平整、光滑、洁净，如有油污，须用丙酮或松节油擦净。

2) 弹线、套方、分格、定位：根据具体设计要求进行找中、弹线、套方、分格，并确定铺设方向。

3) 固定倒刺板：沿房间或走道四周踢脚板边缘，用高强水泥钉将倒刺板钉在基层上（钉朝向墙的方向），其间距约40cm左右。倒刺板应离开踢脚板面8～10mm，以便钉牢倒刺板。

4) 铺设衬垫（图2-2-12）：采用倒刺板固定地毯，应铺设衬垫。将衬垫采用点粘法刷108胶或白乳胶，粘在地面基层上。衬垫应离开倒刺板10mm左右，以防铺设地毯地面时影响地板的钉尖对地毯的勾结。

图2-2-12　铺设衬垫

5) 剪裁地毯：裁剪地毯应在比较宽阔的地方集中进行。一定要精确测量房间尺寸，并按房间和所用地毯型号逐一登记编号。然后根据房间尺寸、形状，用裁边机断开地毯料，每段地毯的长度要比房间长出2cm左右，宽度要以裁去地毯边缘线后的尺寸计算。弹线裁去边缘部分，然后以手推裁刀从毯背裁切，裁好后卷成卷、编上号，放进对应房间里，大面积房间应在施工地点剪裁拼缝。

6) 地毯拼缝：将裁好的地毯虚铺在垫层上，然后将地毯卷起，在拼接处缝合。缝合完毕，用塑料胶纸贴于缝合处，保护接缝处不被划破或勾起，然后将地毯平铺，用弯钉在接缝处作绒毛密实的缝合（图2-2-13）。

图2-2-13 地毯拼缝

7) 铺设地毯：先将地毯的一条长边固定在倒刺板上，毛同时掩到踢脚板下，用地毯撑子拉伸地毯。拉伸时，用手压住地毯撑，用膝撞击地毯撑，从一边一步一步推向另一边。如一遍未能拉平，应重复拉伸，直至拉平为止。然后将地毯固定在另一条倒刺板上，掩好毛边。长出的地毯，用裁割刀割掉。一个方向拉伸完毕，再进行另一个方向的拉伸，直至四个边都固定在倒刺板上（图2-2-14）。

图2-2-14 铺设地毯

8) 细部处理及清理：要注意门口压条的处理和门框，走道与门厅，地面与管道根部、暖气罩、槽盒，走道与卫生间门槛等交接处和踢脚板等部位地毯的套割、固定和掩边工作，且必须粘接牢固，不应有显露、后找补条等"破活"。地毯铺设完毕，固定收口条后，应用吸尘器清扫干净，并将毯面上脱落的绒毛等彻底清理干净。

（三）施工质量通病与防治

质量通病：地毯表面不平整、起鼓、褶皱。

1. 原因

主要原因为地毯打开时出现起鼓现象，又未卷回重新铺展；地毯铺设时，推张松紧不均，铺设不平伏，出现松弛；基层墙边阴角处倒刺板上的抓钉未能抓住地毯，出现波浪状褶皱。

2. 防治方法

地毯打开仔细检查是否平整，铺设时按施工质量标准施工。

（四）质量标准

1. 主控项目

1) 地毯的品种、规格、颜色、花色、胶料和辅料等技术等级及质量要求应符合设计要求。

检验方法：观察检查和检查材质合格证明文件及检测报告。

2）地毯表面应平服、拼缝处粘贴牢固、严密平整、图案吻合。

检验方法：观察检查。

2．一般项目

1）地毯面层不应起鼓、起皱、翘边、卷边、显拼缝和露线，无毛边，绒面毛顺光一致，毯面干净，无污染和损伤。

检验方法：观察检查。

2）地毯同其他面层连接处、收口处和墙边、柱子周围应顺直、压紧。

检验方法：观察检查。

（五）成品保护

1．要注意保护好上道工序已完成的各分项分部工程成品的质量。在运输和施工操作中，要注意保护好门窗框扇，特别是铝合金门窗框扇、墙纸、踢脚板等成品。应采取保护和固定措施。

2．地毯等材料进场后，要注意堆放、运输和操作过程中的保管工作。应避免风吹雨淋，要防潮、防火，防人踩物压等。应设专人加强管理。

3．要注意倒刺板挂毯条和钢钉等的使用和保管工作，尤其要注意及时回收和清理截断下来的零头、倒刺板、挂毯条和散落的钢钉，避免发生钉子扎脚、划伤地毯和把散落的钢钉铺垫在地毯垫层和面层下面的情况，否则必须返工取出重铺。

4．要认真贯彻岗位责任制，严格执行工序交接制度。凡每道工序施工完毕，就应及时清理地毯上的杂物，及时清擦被操作污染的部位。并注意关闭门窗和关闭卫生间的水嘴，严防地毯被雨淋和水泡。

5．操作现场严禁吸烟，吸烟要到指定吸烟室。应从准备工作开始，根据工程任务的大小，设专人进行消防、保卫和成品保护监督，给他们佩戴醒目的袖章并加强巡查工作，同时要执行证件准入制度，严格控制非工作人员进入。

（六）应注意的质量问题

1．压边粘接产生松动及发霉等现象。地毯、胶黏剂等材质、规格、技术指标，要有产品出厂合格证，必要时作复验。使用前要认真检查，并事先做好试铺工作。

2．地毯表面不平、打皱、鼓包等。主要是铺设地毯这道工序时，未认真按照操作工艺中的缝合、拉伸与固定、用胶黏剂粘接固定等要求去做所导致的。

3．拼缝不平、不实，尤其是地毯与其他地面的收口或交接处，例如门口、过道与门厅、拼花及变换材料等部位，往往容易出现拼缝不平、不实。因此在施工时要特别注意上述部位的基层本身接缝是否平整，如严重者应返工处理，如问题不太大，可采取加衬垫的方法用胶黏剂把衬垫粘牢，同时要认真把面层和垫层拼缝处的缝合工作做好，一定要严密、紧凑、结实，并满刷胶黏剂粘接牢固。

4. 涂刷胶黏剂时若不注意，往往容易污染踢脚板、门框扇及地弹簧等，应认真精心操作，并采取轻便可移动的保护挡板或随污染随时清擦等措施保护成品。

（七）质量记录

参见各地具体要求。

（八）安全环保措施

1. 所有施工人员必须持证上岗，并防止意外伤害。

2. 施工现场必须工完场清。设专人打扫垃圾并倾倒至指定地点，不能扬尘污染环境。

四、（子任务四）软质制品（塑胶）地面的铺装施工

（一）施工准备

1. 依据

装饰施工依据：《建筑装饰装修工程质量验收标准》GB 50210—2018。

2. 技术要点概况分析

基层处理，弹线，分格，铺设，塑胶地板接缝、收口等安装处理方法。

3. 操作准备（技术、材料、设备、场地等）

1）技术准备

（1）塑胶地面基层的做法应已按设计要求施工并验收合格。

（2）样板间或样板块已经得到认可。

2）材料要求

各类塑胶、胶黏剂等材料均应符合现行国家标准和行业标准的规定。塑胶地板及辅材的品种、规格、颜色、主要性能和技术指标必须符合设计要求，并应有出厂质量合格证、性能及环保检测报告等质量证明文件。

3）主要机具

（1）根据施工条件，应合理选用适当的机具设备和辅助用具，以能达到设计要求为基本原则，兼顾进度、经济要求。

（2）机具：激光标线仪等。

（3）工具：地面湿度测试仪、地表硬度测试仪、地坪打磨机、羊毛辊筒、自流平搅拌器、自流平齿刮板、钉鞋、地板修边器、割刀、胶水刮板、钢压辊、开槽机、焊枪、月形割刀、焊条修平器、组合画线器。

（4）计量检测用具：角尺、直尺、钢尺等。

（5）安全防护用品：安全帽、防毒面具等。

4）作业条件

（1）在塑胶地面铺设之前，室内装饰必须已完成。

（2）水泥类面层（或基层）表面应坚硬、平整、光洁、干燥、无凹坑、

麻面、裂缝，并应清除油污、钉头和其他凸出物。

（3）大面积施工前应先放出施工大样，并做样板，经质检部门鉴定合格后，方可组织按样板要求施工。对所有作业人员已进行了技术交底。

（4）作业时的施工条件（工序交叉、环境状况等）应满足施工质量可达到标准的要求。

（二）主要施工方法与操作工艺

1. 工艺流程

基层处理→涂施底油→自流平施工→塑胶地板铺设→验收→细部处理。

2. 施工工艺及要点

1）基层处理

在铺设弹性地面材料前的地面情况最为重要。由于室内常用塑胶地板的厚度一般不超过4mm，没有自承能力，所以对地坪基础要求很高。地面的好坏，影响并决定弹性地材的功效和外观。

地坪要求：根据塑胶生产商的意见，地基含水率（质量百分比）应小于6%，遇天气原因或外来水分，应使空气流通，并及时抹去表面水分，施工场所空气湿度应保持在20%～75%。

表面硬度：用锋利的凿子快速交叉切划表面，交叉处不应有爆裂。

表面平整度：用2m直尺检验，空隙应不大于2mm。

表面密实度：表面不得过于粗糙及有多的孔隙，对轻微起砂地面应作表面硬化处理。

裂隙：不得有宽度大于1.5mm的裂隙。表层不得有空鼓。

表面清洁度：油污、蜡、漆、颜料等残余物质必须去除。

温度：铺设场地温度以15℃为宜，不得低于10℃。

为确保大面积铺设效果（平整度、强度），务必于铺设前在找平层上使用底油和自流平施工。

基础采用50mm厚轻集料混凝土垫层，20mm厚1：2.5水泥砂浆找平层。

塑胶地板以及辅助材料等，应垂直竖立放置在安全可靠的室内，并保持通风、干燥、避光，不得堆垛。卷材应保持直立放置，配件应展开放置、免压，室内温度以15℃为宜。

2）涂施底油

地面处理达到施工要求后，将底油按标准配比兑水，将底油用海绵辊浸湿，在地坪表面按顺序横竖交叉涂布一遍，做到无遗漏、均匀（图2-2-15）。地坪表面无积水，然后封闭现场，1～2h后可进行自流平施工。如地坪吸水性强，则可加做一次以保证封地效果。

图2-2-15 涂施底油

3) 自流平施工

自流平材料和水料按照标准配比进行配兑，搅拌均匀。在最快速度下将搅拌物倒至施工地面。运用专业工具将搅拌物抹匀，自流平厚度平均为2mm左右，一般最厚处不超过4mm（图2-2-16）。

图2-2-16 自流平施工

施工步骤总结：

（1）每平方米用3.5kg的自流平材料，水料比大致为1：4，并按照此比例搅拌均匀；

（2）在最快速度下将搅拌物倒至施工地面；

（3）应用专业工具将搅拌物抹匀，自流平厚度平均2mm左右，一般最厚处不超过4mm；

（4）在环境温度为10℃左右的情况下，自流平固化时间为12h，同时自流平铺设完毕后，养护2～3d，在强度、干燥度达到符合铺设地板的要求后铺设地板。

检验自流平材料铺设合格的标准：

（1）自流平铺设完毕后，整体地面平整，应达到地面平整高度差标准，为2mm以内；

（2）表面刷完界面剂后无粉尘，并且达到一定硬度；

（3）自流平材料已经完全干燥，无阴湿部分；

（4）施工过程中应防止自流平表面产生龟裂现象，如发生此现象可视为不合格施工。

施工完毕24h内禁止任何人进入施工现场，否则极易将自流平破坏。

24～28h之后可以检查地面是否完全干燥，依据具体情况决定是否可以开始进行下一道塑胶地板的铺设。

当自流平材料铺设完毕后，由于温度过低，可能导致已铺设表面产生白色沉淀物，只需擦去或用砂纸磨去即可。

4) 塑胶地板铺设

施工环境要求：

（1）自流平材料已经施工完毕并且干燥；

（2）独立完整的施工空间，禁止任何情况下任何人对已完成的自流平进行破坏或污染；

（3）封闭的（禁止通风）、洁净的施工空间，禁止粉尘或其他杂物污染地面，施工人员必须在安装地板前再一次清理地面。

如果有交叉施工的现象存在，必须保证：

（1）其他施工工序的施工无粉尘，例如喷涂料的工序绝对禁止；

（2）其他施工工序的施工人员的脚部无污染物，所使用的工具也无污染；

（3）其他施工工序的工作不得破坏已经完成或正在进行的地板施工工作。

塑胶地板铺设的施工步骤：

（1）地面弹线划出准备铺设的区域。清整阴角、阳角，贴条，上墙部分的墙面处理；

（2）根据上述区域选定相应的型号进行下料；

（3）在画线区域准备铺设的范围内刷胶；

（4）将地板分两次分别从两端开始粘贴；

（5）利用大辊轮对已经完成的地面进行辗压，将空气完全挤出地板（图2-2-17）；

（6）当板块缝隙需要焊接时，宜在48h以后施焊，亦可采用先焊后铺贴；焊条成分、性能与被焊的板材性能要相同；

（7）清理地面，交质检员对施工工程进行验收。

5）验收

施工完成后，清理地面，并对所有已安装完毕产品进行自检，如有问题应进行修补。配合工程监理方和业主检验小组对施工工程进行竣工检验。

6）细部处理

要注意门口压条的处理和门框、走道与门厅，地面与管道根部、暖气罩、槽盒，走道与卫生间门槛等交接处和踢脚板等部位塑胶地板的套割、固定和掩边工作，且必须粘接牢固（图2-2-18）。

图2-2-17 塑胶地板
铺设

图2-2-18 细部处理

（三）施工质量通病与防治

质量通病：塑胶地板面层空鼓。

1. 原因：面层起鼓，平整度差，呈波浪形，有气泡或边角起翘。基层不平，或刷胶后没有风干就急于铺贴，或粘得过迟黏性减弱，都易造成翘曲、空鼓；底层未清理干净，铺设时未辊压实，胶黏剂涂刷不均匀，板块上有尘土，或环境温度过低，都易造成空鼓。

2. 防治方法：起鼓的面层应沿四周焊缝切开后予以更换，基层应作认真清理，用铲子铲平，四边缝应切割整齐。新贴的塑料板在材质厚薄、色彩等方面与原来的塑料板一致。待胶黏剂干燥硬化后再切割拼缝，并进行拼缝焊接施工。铺设时按施工质量标准施工。

（四）质量标准

1. 主控项目

1）塑胶地板的品种、规格、颜色、花色及质量要求应符合设计要求。

检验方法：观察检查和检查材质合格证明文件及检测报告。

2）塑胶地板表面应平服，拼缝处粘贴牢固、严密平整、图案吻合。

检验方法：观察检查。

2. 一般项目

1）塑料板面层应表面洁净，图案清晰，色泽一致，接缝严密、美观。拼缝处的图案、花纹吻合，无胶痕；与墙边交接严密，阴阳角收边方正。

检验方法：观察检查。

2）板块的焊接，焊缝应平整、光洁，无焦化变色、斑点、焊瘤和起鳞等缺陷。

（五）成品保护

1. 塑胶地板铺设时对隐蔽工程要有可靠保护措施，不得因铺设塑胶地板而破坏或降低等级。

2. 塑胶地板面层完工后应进行遮盖保护。

3. 后续工程在塑胶地板面层上施工时，必须进行遮盖、支垫，严禁直接在塑胶地板面层上动火、焊接、和灰、调漆、支铁梯、搭脚手架等；进行上述工作时，必须采取可靠保护措施。

（六）应注意的质量问题

1. 胶水涂抹时的温度必须大于5℃，否则禁止施工；在5℃以上时，依据具体温度判定胶水干燥时间。

2. 胶水涂抹必须均匀。

3. 下料合理并均匀。

4. 开槽均匀顺直、无毛刺。

5. 接缝之前将接缝处的多余胶水或其他杂物清理干净。

6. 接缝走线平稳，且为直线。

7. 塑胶地板卷材铺设过程，前后至少48h内，场地必须保持清洁、封闭、防风雨，并保持一定的温度。材料的存放条件相同。

（七）质量记录

参见各地具体要求。

（八）安全环保措施

1. 在搬运、堆放、施工过程中应注意避免扬尘等现象，应采取遮盖、封闭、洒水、冲洗等必要措施。

2. 施工现场必须工完场清。设专人打扫垃圾并倾倒至指定地点，不能扬尘污染环境。

3. 施工过程易燃材料较多，应加强保管、存放、使用的管理。

实训内容：弹性木地面的施工

第三节 任务三 家装工程墙面的施工

一、（子任务一）家装工程瓷砖墙饰面施工

（一）施工准备

1. 依据

装饰施工依据：《建筑装饰装修工程质量验收标准》GB 50210—2018、《建筑地面工程施工质量验收规范》GB 50209—2010、《住宅装饰装修工程施工规范》GB 50327—2001。

2. 技术要点概况分析

1）瓷砖内墙面装饰装修

根据住宅室内功能区的使用性质、所处环境、运用物质技术手段，并结合视觉艺术，达到瓷砖内墙面安全卫生、功能合理、舒适美观、满足人们物质和精神生活需要的空间效果（图2-3-1）。

图 2-3-1 瓷砖内墙面
装饰装修效果示意

2）基体

建筑物的主体结构和围护结构。

3）基层

直接承受装饰装修施工的面层。

4）结合层

面层与下一构造层相连接的中间层。

5）面层

直接承受各种物理和化学作用的表面层。

6）找平层

在垫层、楼板上或填充层上起整平、找坡或加强作用的构造层。

7）块体

砌体所用各种砖、石、小砌块的总称。

8）水泥抹灰砂浆

以水泥为胶凝材料，加入细骨料和水，按一定比例配制而成的抹灰砂浆。

9）黏结剂

由水泥、石英砂、聚合物胶结料，配以多种添加剂，经机械混合均匀而成。

3. 施工基本要求（技术、材料、设备等）

1）室内装饰装修泥瓦工程施工现场应具有必要的施工技术标准、健全的质量管理体系和工程质量检测制度，实现施工全过程质量控制。

2）室内装饰装修泥瓦工程的施工应按照批准的设计文件和施工技术标准进行施工。修改设计应有设计单位出具的设计变更通知单或设计图纸。

3）施工前应进行设计交底工作，并应对施工现场进行核查，了解物业管

理的有关规定。

4）施工中，严禁超荷载集中堆放物品；严禁在预制混凝土空心楼板上打孔安装埋件。

5）管道、设备工程的安装及调试应在装饰装修工程施工前完成，必须同步进行的应在饰面层施工前完成。涉及燃气管道的装饰装修工程必须符合有关安全管理的规定。

6）施工人员应遵守有关施工安全、劳动保护、防火、防毒的法律、法规。

7）施工现场用电应符合下列规定：

（1）安装、维修或拆除临时施工用电系统，应由电工完成。

（2）临时施工供电开关箱中应装设漏电保护器。进入开关箱的电源线不得用插销连接。

（3）临时用电线路应避开易燃、易爆物品堆放地。

8）施工现场用水应符合下列规定：

（1）不得在未做防水的地面蓄水。

（2）临时用水管不得有破损、滴漏。

（3）暂停施工时应切断水源。

9）文明施工和现场环境应符合下列要求：

（1）施工人员应衣着整齐。

（2）施工人员应服从物业或治安保卫人员的监督、管理。

（3）应控制粉尘、污染物、噪声、振动等对相邻居民、居民区和城市环境的污染及危害。

（4）施工堆料不得占用楼道内的公共空间，或封堵紧急出口。

（5）室外堆料应遵守物业管理规定，避开公共通道、绿化地、化粪池等市政公用设施。

（6）工程垃圾宜袋装，并放在指定垃圾堆放地。

（7）不得堵塞、破坏上下水管道、垃圾道等公共设施，不得损坏楼内各种公共标识。

（8）工程验收前应将施工现场清理干净。

10）所用材料的品种、规格、性能应符合设计的要求及国家现行有关标准的规定。

11）严禁使用国家明令淘汰的材料。

12）现场配制的材料应按设计要求或产品说明书制作。

13）应配备满足施工要求的配套机具设备及检测仪器。

14）材料搬运时要避免损坏楼道内顶、墙、扶手、楼道窗户及楼道门。

15）对采暖、供电、报警、天然气表及其管道设施采取保护措施。

16）对给水和排水管道及管口采取保护措施。

17）施工中不得污染、损坏其他工种的半成品、成品。

（二）主要施工方法与操作工艺

1. 工艺流程

基层清扫处理→润湿基层→吊垂直、套方、找规矩→贴灰饼→抹底层砂浆→选砖→排砖→定位放线→挂线镶贴墙砖→勾缝→擦缝→清理。

2. 施工工艺及要点

1）本规范适用于墙面砖、锦砖（马赛克）等材料的住宅墙面镶贴安装工程施工。

2）墙面镶贴工程应在墙面隐蔽及抹灰工程已完成并经验收合格后方可进行。当墙体有防水要求时，应先对防水工程进行验收。

3）采用湿作业法镶贴的天然石材应作防碱处理。

4）在防水层上镶贴饰面砖时，粘接材料应与防水材料的性能相容。

5）墙面面层应有足够的强度，其表面质量应符合国家现行标准的有关规定。

6）湿作业施工现场环境温度宜在5℃以上，应防止湿度及温度剧烈变化。

7）墙面砖镶贴基层处理应符合下列规定：

（1）目前，客户收房时，厨房、卫生间墙面基层已完成拉毛甩浆工作，不必再打底抹灰、刷胶浆。但对于墙面空鼓，要铲除后重新抹灰；对于垂直度、平整度误差较大处，要重新贴灰饼，找规矩。

（2）如墙面是石膏、腻子、涂料基层，必须泼水后把石膏、腻子、涂料铲除干净，并将表面打毛、凿深不小于5mm，间距不大于5cm，并刷水泥素浆1遍。

（3）墙面上的各类污物应全部清理，并提前一天浇水湿润。如基层为新砌筑墙体时，待水泥砂浆抹灰层七成干时，就应该进行排砖、弹线。

（4）GRC板轻质隔墙贴墙砖前，应先在基层上挂钢丝网片，刷一遍水泥素浆，做抹灰基层后再贴墙砖。

（5）轻钢龙骨石膏板隔墙贴墙砖前，应先在石膏板上封硅钙板后挂钢丝网片，刷一遍水泥素浆，做抹灰基层后再贴墙砖。

8）镶贴前提前打开瓷砖包装，预检瓷砖规格尺寸（长度、宽度、对角线、平整度）、花色是否正确，有无缺棱掉角、破损、色差现象，如发现问题，及时沟通，避免纠纷。

9）镶贴前应进行放线定位和排砖。排砖原则：非整砖应排放在次要部位或阴角处。每面墙不宜有两列非整砖，非整砖宽度不宜小于整砖的1/3。高级配套砖要求五边对缝，即在四边对缝的基础上，要求墙砖与地砖也要对缝（图2-3-2）。

10）镶贴前应确定水平及竖向标志，垫好底尺，挂线铺贴。墙面砖表面应平整，接缝宽度按施工图纸要求预留，缝隙应平直、缝宽应均匀一致。阴角砖应压向正确，阳角砖宜做成45°角对接，或加不锈钢装饰条，或镶贴瓷砖阳角护角。在墙面凸出物处，应整砖套割吻合，不得用非整砖拼凑铺贴。

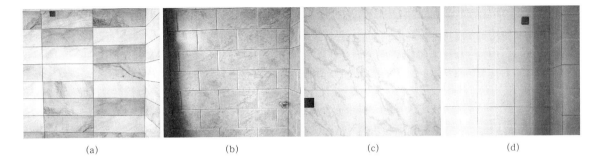

| (a) | (b) | (c) | (d) |

图 2-3-2 墙砖铺贴对缝整齐

11）结合砂浆宜采用1：2水泥砂浆，砂浆厚度宜为6～10mm。水泥砂浆应满铺在墙砖背面，要求砂浆必须饱满，一面墙不宜一次铺贴到顶，以防塌落。

12）在镶贴腰线砖前，要检查尺寸是否与墙砖的尺寸相互协调，腰线对角方案是否符合设计方案要求。

13）厨房、卫生间墙砖的最上面一层贴完后，应用水泥砂浆把上部空隙填满，以防在安装吊顶打眼时，将墙砖打裂。

14）墙砖镶贴时，遇到开关、插座、等电位底盒应用切割机掏孔，套割要吻合且边缘整齐。遇到水管的出水口时，应用玻璃钻头开孔。

15）瓷砖与窗框的交接处，缝隙应严密，且不影响玻璃压条的更换及窗扇的正常开启。

16）墙砖镶贴完毕24h后，先将砖缝进行清扫，再使用瓷砖填缝剂勾缝，最后将瓷砖表面清洁干净。要求缝隙填嵌密实、无遗漏、色泽一致、表面光滑、无明显接茬现象。

17）如墙砖为玻化砖、微晶玉石砖等，镶贴工艺则采用薄贴法。薄贴法要求墙面基面必须经水泥砂浆找平，且表面平整度、垂直度不大于3mm，配用专用的瓷砖胶黏剂及齿型抹子，用齿型抹子的直边将搅拌好的胶黏剂批到基面上，沿瓷砖缝方向将胶黏剂层梳理成均匀条状。在瓷砖背面也批一薄层胶黏剂，将瓷砖铺压到位，垂直于梳理方向轻微搓动以排出砖下的空气。铺贴到位后用橡皮锤轻击，调整表面平整度及接缝的平直。

18）如采用背胶铺贴法，则瓷砖背面辊涂一层背胶，如有必要，原墙面基层也辊涂一层背胶。

（三）施工质量通病与防治

1．空鼓、脱落

1）原因

（1）基层处理不好，墙面没有湿润透，底层砂浆失水过快，砂浆不能正常凝结硬化，面砖与砂浆粘接不牢固。

（2）墙面砖浸泡时间过短而不能浸透水，镶贴后快速吸去砂浆中过多水分，使其早期脱水；面砖浸泡后未晾干就镶贴，浮水使砖浮动。

（3）镶贴方法不当，砂浆不饱满，厚薄、用力不均匀。

（4）砂浆已经收水后，再对已镶贴的面砖进行纠偏处理时移动了面砖。

（5）面砖本身有隐伤，事先未发现，嵌缝不密实或漏嵌。

2）防治措施

（1）表面修理平整，清理干净，墙面洒水湿透。

（2）面砖镶贴前必须清理干净，放在清水中浸泡2h，至面砖不再冒气泡为止，取出晾干后方可镶贴。

（3）镶贴面砖的粘接砂浆厚度宜控制在7~10mm，过厚过薄均会产生空鼓。必要时可掺入水泥质量3%的108胶水泥砂浆，改善砂浆的保水性及和易性，并有一定的缓凝作用，可使校正表面和拨缝时间长些，便于保证镶贴质量。

（4）面砖用混合砂浆粘贴时，粘贴面层可用灰勺木柄轻轻敲击；用108胶聚合物水泥砂浆粘贴时，可用手轻压，用橡皮锤轻轻敲击，使其与底层粘接牢固；如若粘接不密实时，应取出重新粘贴牢固。

2．面砖接缝不平直、缝宽不均匀

1）原因

（1）镶贴前选砖不严，排砖、贴灰饼、挂线不按规矩操作。

（2）平尺靠板安装不水平，操作者技术水平低。

（3）基层抹灰不平整。

2）防治措施

（1）镶贴前应认真选择面砖，挑出不符合镶贴要求的面砖（翘曲、变形、裂纹、面层有杂质、缺棱掉角、几何尺寸超标等），颜色不同的面砖分别堆放。同一颜色、同一类尺寸的面砖，应镶贴在同一个房间或同一面墙上，保证接缝均匀。

（2）镶贴前应做好规矩，用水平尺找平，校核墙面的方正，定出水平标准。用破碎的面砖片贴灰饼，灰饼间距应小于靠尺板长度，阳角处应两面抹直。

（3）依据弹好的水平线，粘好平尺板，作为镶贴第一行面砖的依据，由下往上逐行粘贴。每贴好一行面砖，及时用靠尺板沿纵横方向靠平靠直，用木勺柄将高出处轻轻敲平。及时校正面砖横、竖缝，确保平直和均匀，砂浆收水后，不可再纠偏、移动面砖。

（四）质量验收标准及质量控制

1．主控项目

1）墙面砖的型号、规格、颜色、图案、性能必须符合设计要求。

检验方法：观察、进场验收记录和复验报告。

2）墙面砖粘贴工程的找平、粘接和勾缝材料及施工方法应符合设计要求。

检验方法：观察、2m靠尺、塞尺检查（图2-3-3、图2-3-4）。

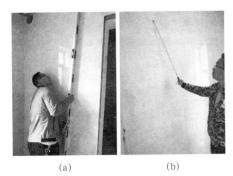

(a)　　　　　(b)

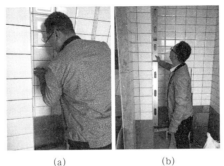

(a)　　　　　(b)

图 2-3-3　墙面砖质量
检验 (a) (b)

图 2-3-4　墙面砖质量
检验 (a) (b)

3）产品标准、工程技术标准及国家环保等规定。

检验方法：观察、工程验收记录和施工记录。

2．一般项目

1）饰面砖表面应平整、洁净、色泽一致，无裂痕和缺陷。

2）阴阳角处搭接方式、非整砖使用部位应符合设计要求。

3）墙面凸出物周围的饰面砖应整砖套割吻合，边缘应整齐。

4）饰面砖接缝应平直、光滑，填嵌应连续、密实，宽度和深度应符合设计要求。

5）室内墙面砖镶贴允许偏差及检验方法应符合表2-3-1中的规定。

室内墙面砖允许偏差表　　　　　　　表2-3-1

项次	项目	内墙面砖允许偏差/mm	检验方法
1	表面平整度	2	用2m靠尺和塞尺检查
2	立面垂直度	2	用2m靠尺和塞尺检查
3	阴阳角方正度	2	用直角检测尺检查
4	接缝高低差	0.5	用钢直尺和塞尺检测
5	接缝直线度	1.5	拉5m线，不足5m拉通线，用钢角尺检查

（五）应注意的质量问题及解决方法

1．粘贴前必须先弹线定位，确定第一块砖的标高。

2．瓷砖必须提前浸泡，并保证砖在水中浸泡2h。

3．墙面要提前半天到一天湿润，以避免吸走砂浆中的水分。

4．粘贴瓷砖，采用水泥浆，也可掺入少量砂子。

5．面砖的接缝宽度为1～1.5mm，横竖缝要一致。

6．粘接灰浆厚度为20mm左右，瓷砖背面必须满抹灰浆，注意边角满浆。

7．地面粘贴应注意下水坡度，一般要求为1.5%，并做到坡度统一，避免倒返水。

8．当班竣工前，必须扫光表面灰尘，用竹签划缝，并用扫帚拭净。

9．待各项工作结束后，用勾缝剂勾缝，待嵌缝材料硬化后再清理表面。

10. 饰面砖镶贴前应选砖预排，以便拼缝均匀，在同一墙面上的横竖排列不宜有一行以上的非整砖，非整砖行应排在次要部位或阴角处。

11. 釉面砖的镶贴形式和接缝宽度应符合设计要求，无设计要求时，可做样板，以决定镶贴形式和接缝的宽度。

12. 贴饰面砖基层的表面，如有凸出的管线、灯具、设备的支撑等，应用整砖套割吻合，不得用非整砖拼凑镶贴。

（六）成品保护

1. 墙柱阳角处应做好木护角避免碰损。

2. 认真贯彻合理的施工顺序，少数工种（水、电、通风、设备安装等）的活应做在前面，防止损坏面砖。

3. 油漆粉刷不得将油漆喷滴在已完成的饰面砖上，如果面砖上部为涂料，宜先做涂料，然后贴面砖，以免污染墙面。若需先做面砖时，完工后必须采取贴纸或塑料薄膜等措施，防止污染。

4. 各抹灰层在凝结前应防止风干、水冲和振动，以保护各层有足够的强度。

5. 搬、拆架子时注意不要碰撞墙面。

6. 装饰材料和饰件以及饰面的构件，在运输、保管和施工过程中，必须采取措施防止损坏。

（七）安全环保措施

1. 安全操作要求

1）使用切割机、磨石机等手持电动工具之前，必须检查安全防护设施和漏电保护器，保证设施齐全、灵敏有效。

2）夜间施工或阴暗处作业时，照明用电必须符合施工用电安全规定。

3）面砖应堆放整齐、稳定，高度适宜，装卸时应稳拿稳放。

2. 环保措施

1）铺设施工时，应及时清理地面的垃圾、废料及边角料，严禁由窗口、阳台等处向外抛废料。

2）切割面砖应安排在白天进行，并选择在较封闭的室内，防止噪声污染，影响周围环境。

3）建筑废料和粉尘应及时清理，放置在指定地点，若临时堆放在现场，必要时还应进行覆盖，防止扬尘。

4）切割面砖的地点应采取防尘措施，适当洒水。

二、（子任务二）家装工程石材（瓷砖）干挂墙面的施工
（一）适用范围

适用于工业与民用建筑室内、外墙干挂（玻化砖）饰面板的施工（图2-3-5）。

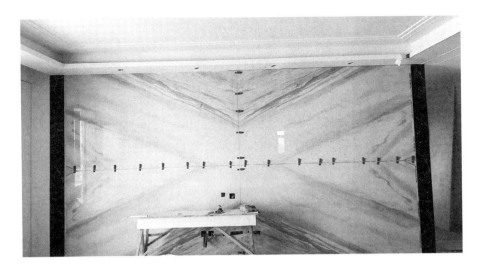

图 2-3-5 内外墙干挂
饰面板施工

（二）施工准备

材料、半成品要求如下：

1. 按设计要求的品种、颜色、花纹和尺寸规格选用玻化砖，并严格控制、检查其抗折、抗拉及抗压强度，吸水率等性能。块材的表面应光洁、方正、平整、质地坚固，不得有缺棱、掉角、暗痕和裂纹等缺陷。

2. 膨胀螺栓、连接角码、不锈钢挂件等配套的连接件的质量，必须符合国家现行有关标准的规定。

3. 合成树脂胶黏剂：用于粘贴石材背面的柔性背衬材料，要求具有防水和良好的耐老化性能。

（三）施工工艺

1. 工艺流程

瓷砖验收→大角挂两根竖直钢丝→墙面弹饰面外廓线→吊线找规矩→安装挂件→墙砖粘接件开槽→安装固定角码→挂水平位置线→底层玻化砖安装→支底层板托架→密封填缝→上行玻化砖安装。

2. 施工工艺及要点

1）基层准备：清理基层表面，同时进行吊直、套方、找规矩，弹出垂直线、水平线。并根据施工图纸和实际需要弹出板材安装位置线。玻化砖安装前要事先用经纬仪打出大角两个面的竖向控制线，最好弹在离大角20cm的位置上，以便随时检查垂直挂线的准确性，保证顺利安装。竖向挂线宜用 $\phi1.0\sim1.2$ 的钢丝，下边沉铁随高度而定，一般40m以下高度沉铁重量为 $8\sim10$ kg，上端挂在专用的角钢架上，角钢架用膨胀螺栓固定在建筑大角的顶端，一定要挂在牢固、准确、不易碰撞的地方，并要注意保护和经常检查，并在控制线的上、下做出标记。

2）安装支撑底层饰面板托架：把预先加工好的支托按上平线装在将要安装的底层玻化砖上面。支托要支撑牢固，相互之间要连接好，也可和架子接在一起，支架安好后，顺支托方向铺通长50mm厚木板，木板上口要在同一水平面上，以保证玻化砖上下面处在同一水平面上。

3）安装连接固定件：用设计规定的不锈钢螺栓固定角码和不锈钢挂件。调整挂件的位置，使挂件的T形挂钩与玻化砖的粘贴挂槽对正，固定挂件，用力矩扳手拧紧（图2-3-6）。

图2-3-6 安装T形挂件

4）底层玻化砖安装：把底面的不锈钢挂件安好，先将玻化砖侧孔抹胶，将玻化砖按位置插入挂件，调整挂件，调整面板固定。依次按顺序安装底层面板，待底层面板全部就位后，检查一下各板是否在一条线上，如有高低不平的要进行调整；低的可用木楔垫平；高的可轻轻适当退出点木楔，直至面板上口在一条水平线上为止；先调整好面板的水平与垂直度，再检查板缝，板缝宽应按设计要求，误差要均匀。然后用嵌固胶将锚固件填堵固定（图2-3-7）。

图2-3-7 底层玻化砖安装

5）上行玻化砖安装：把嵌固胶注入下一行的粘接件背开槽内，调整板砖的平整度及直线度，并用石膏粘接件临时固定（图2-3-8）。

图2-3-8 上行玻化砖安装

（四）质量通病与防治

质量通病：玻化砖墙、柱面接缝不平，板面纹理不清、色泽不匀。

1）原因分析

基层处理质量不符合要求；对玻化砖板材质量检验不严格；镶贴前选板、试拼不认真，或根本没选板、试拼。

2）防治措施

（1）检查墙、柱表面垂直平整情况，剔凿凸出部分，补平低凹部分，使基层与玻化砖之间的距离不小于规定值，洒水湿润基层。

（2）干挂前，必须在墙、柱面上弹线、找规矩，墙面应弹出中心线及水平线；地面应弹出玻化砖面线、十字交叉线；柱子应测出其中心线与柱子之间的水平通线，弹出柱子玻化砖面线，依线挂贴。

（3）不得用缺棱掉角、有裂纹或局部污染的玻化砖镶贴，对预选的玻化砖套方检查尺寸。不同颜色、不同规格的板材应分别码放，阳角处的砖应磨成45°倒角。

（4）根据墙、柱面的弹线进行玻化砖的试拼预排，调整色泽与花纹，使玻化砖饰面纹理通顺、协调，板缝平直均匀，试拼后，进行编号，并根据编号挂贴。

（5）选择正确的挂贴方法，小规格玻化砖可采用粘贴方法，大规格板材应采用安装方法，安装前开槽必须准确。

（五）质量标准

1. 主控项目

1）饰面玻化砖的品种、防腐处理、规格、形状、平整度、几何尺寸、光洁度、颜色和图案必须符合设计要求，并有产品合格证。

检验方法：观察和尺量检查，检查材质合格证书和检测报告。

2）面层与基底应安装牢固；粘贴用料、干挂配件必须符合设计要求和国家现行有关标准的规定，碳钢配件需作防锈、防腐处理，焊接点应作防腐处理。

检验方法：观察、检查合格证书。

3）饰面板安装工程的预埋件（或后置埋件）、连接件的数量、规格、位置、连接方法和防腐处理必须符合设计要求。后置埋件的现场拉拔强度必须符合设计要求。饰面板安装必须牢固。

检验方法：手扳检查、现场拉拔检测、隐蔽验收。

2. 一般项目

1）表面平整、洁净；拼花正确，纹理清晰通顺，颜色均匀一致；非整板部位安排适宜，阴阳角处的板压向正确。

检验方法：观察。

2）缝格均匀，板缝通顺，接缝填嵌密实，宽窄一致，无错缝错位。

检验方法：观察。

3）凸出物周围的板采取整板套割，尺寸准确、边缘吻合整齐、平顺，墙裙、贴脸等上口平直。

检验方法：观察和尺量检查。

4）室内外墙面干挂玻化砖允许偏差和检验方法应符合表2-3-2的规定。

室内墙面干挂允许偏差和检验方法 表2-3-2

项次	项目	内墙面砖允许偏差/mm	检验方法
1	表面平整度	2	用2m靠尺和塞尺检查
2	立面垂直度	2	用2m靠尺和塞尺检查
3	阴阳角方正度	2	用直角检测尺检查
4	接缝高低差	0.5	用钢直尺塞尺检测
5	接缝直线度	1.5	拉5m线，不足5m拉通线，用钢角尺检查

（六）成品保护

1. 及时清理完工后的石材墙面（图2-3-9），清擦干净残留在门、窗框上的砂浆。

2. 铝合金窗、塑料窗必须粘贴保护膜，且在全部抹灰作业完成前保证保护膜完好无损，发现损坏处，立即补贴严实。

3. 水、电、通信、通风、设备管道穿墙、支架固定等工作做在前面，防止面砖完工后再造成损伤。

4. 拆除架子时注意不要碰撞墙面。

图 2-3-9 完工后的石材墙面

（七）安全环保措施

1. 安全操作要求

1）使用切割机、磨石机等手持电动工具之前，必须检查安全防护设施和漏电保护器，保证设施齐全、灵敏有效。

2）夜间施工或阴暗处作业时，照明用电必须符合施工用电安全规定。

3）大理石、玻化砖等板材应堆放整齐、稳定，高度适宜，装卸时应稳拿稳放。

2. 环保措施

1）铺设施工时，应及时清理地面的垃圾、废料及边角料，严禁由窗口、阳台等处向外抛废料。

2）切割石材、玻化砖应安排在白天进行，并选择在较封闭的室内，防止噪声污染，影响周围环境。

3）建筑废料和粉尘应及时清理，放置在指定地点，若临时堆放在现场，必要时还应进行覆盖，防止扬尘。

4）切割石材、玻化砖的地点应采取防尘措施，适当洒水。

三、（子任务三）家装工程软包墙饰面的施工

（一）施工准备

1. 装饰施工依据

1）《民用建筑工程室内环境污染控制规范》GB 50325—2010（2013年版）

2）《室内装饰装修材料 溶剂型木器涂料中有害物质限量》GB 18581—2009

3）《壁纸胶黏剂》JC/T 548—2016

4）《建筑工程施工质量验收统一标准》GB 50300—2013

5）《建筑装饰装修工程质量验收标准》GB 50210—2018

2. 技术要点概况分析

随着生产方式的变化，软包墙饰面已成为定制化工艺产品，施工工艺越来越简单、方便（图2-3-10）。

3. 操作准备（技术、材料、设备、场地等）

1）技术准备

熟悉施工图纸，依据技术交底和安全交底做好施工准备。

图2-3-10 软包墙饰面

2）材料要求

（1）施工前壁纸检查，软包墙面木框、龙骨、底板、面板等木材的树种、规格、等级、含水率和防腐处理必须符合设计图纸要求。

（2）软包面料与内衬材料及边框的材质、颜色、图案、燃烧性能等级应符合设计要求及国家现行标准的有关规定，具有防火检测报告。普通布料需进行两次防火处理，并检测合格。

（3）龙骨一般用白松烘干料，含水率不大于12%，厚度应根据设计要求，不得有腐朽、节疤、劈裂、扭曲等弊病，并预先经防腐处理。龙骨、衬板、边框应安装牢固，无翘曲，拼缝应平直。

（4）外饰面用的压条分格框料和木贴脸等面料，一般采用工厂经烘干加工的半成品料，含水率不大于12%。选用优质五夹板，如基层情况特殊或有特殊要求者，亦可选用九夹板。

（5）胶黏剂一般采用"立时得"胶黏剂粘贴，不同部位采用不同胶黏剂。

3）主要机具

电动机、手电钻、冲击电钻、专用夹具、刮刀、电锯，此外还有钢板尺、裁刀、刮板、毛刷、排笔、长卷尺、锤子等。

4）作业条件

（1）软包墙、柱面上的水、电、通风专业预留、预埋必须全部完成，且电气穿线、测试完成并合格，各种管路加压、试水完成并合格。

（2）室内湿作业完成，地面和顶棚施工已经全部完成（地毯可以后铺），室内清扫干净。

（3）不做软包的部分墙面面层施工基本完成，只剩最后一遍涂层。

（4）门窗工程全部完成（做软包的门窗除外），房间达到可封闭条件。

（5）各种材料、工具、机具已全部到达现场，并经检验合格，各种木制品满足含水率不大于12%的要求。

（6）基层墙、柱面的抹灰层已干透，含水率达到不大于8%的要求。

（二）主要施工方法与操作工艺

1．工艺流程

基层处理→龙骨、底板施工→整体定位、弹线→内衬及预制镶嵌块施工→面层施工→理边、修整→完成其他涂饰。

2．工艺做法

1）基层处理

（1）在需做软包的墙面上按设计要求的纵横龙骨间距进行弹线，设计无要求时，间距一般控制在400~600mm。再按弹好的线用电锤打孔，孔间距小于200mm、孔径大于12mm、深不小于70mm，然后将经过防腐处理的木楔打入孔内。

图2-3-11　龙骨、底板构造示意

（2）墙面为抹灰基层或邻近房间较潮湿时，做完木砖后必须对墙面进行防潮处理，然后再进行下道工序。

（3）软包门扇的基层底油涂刷不得少于两道，拉手及门锁应后装。

2）龙骨、底板施工（图2-3-11）

（1）在事先预埋的木砖上用木螺钉安装木龙骨，木螺钉长度＞龙骨高度+40mm。木龙骨必须先作防腐处理，然后再将表面作防火处理。安装龙骨时，必须边安装边用不小于2m的靠尺进行调平，龙骨与墙面的间隙，用经防腐处理过的木楔塞实，木楔间隔应不大于200mm，安装完的龙骨表面不平整度在2m范围内应小于2mm。

（2）在木龙骨上铺钉底板，底板在设计无要求时宜采用环保细木工板或环保九厘板，铺钉用钉的长度≥地板厚度+20mm。墙面为轻钢龙骨石膏板或轻钢龙骨玻镁板时，可以不安装木龙骨，直接将底板钉粘在墙面上，铺钉用自攻螺钉，自攻螺钉长度≥底板厚度+石膏板或玻镁板厚度+10mm，自攻螺钉必须固定到墙体的轻钢龙骨上。

（3）门扇软包不需做底板，直接进行下道工序。

3）整体定位、弹线

根据设计要求的装饰分格、造型等尺寸在安装好的底板上进行吊直、套方、找规矩、弹线控制等工作，把图纸尺寸与实际尺寸相结合后，将设计分格与造型按1∶1比例反映到墙、柱面的底板或门扇上。

4）内衬及预制镶嵌块施工

（1）做预制镶嵌软包时，要根据弹好的控制线，进行衬板制作和内衬材料粘贴。衬板按设计要求选材，设计无要求时，应采用5mm的环保型多层板，按弹好的分格线尺寸进行下料制作。制作时，硬边拼缝的衬板，在其一面四周钉上一圈木条，木条的规格、倒角形式按设计要求确定，设计无要求时，木条一般不小于10mm×10mm，倒角不小于5mm×5mm（圆角或斜角），木条要进行封油处理防止原木吐色污染布料，木条厚度还应根据内衬材料厚度决定。软边拼缝的衬板按尺寸裁好即可。衬板做好后应先上墙试装，以确定其尺寸是否正确，分缝是否通直、不错台，木条高度是否一致、平顺，然后取下来放在衬板背面编号，并标注安装方向，在正面粘贴内衬材料。内衬材料的材质、厚度按设计要求选用，设计无要求时，材质必须是阻燃环保型，厚度应大于10mm。硬边拼缝的内衬材料要按照衬板上所钉木条内侧的实际净尺寸剪裁下料，四周与木条之间必须吻合、无缝隙，宜高出木条1～2mm，用环保型胶黏剂平整地粘贴在衬板上。软边拼缝的内衬材料按衬板尺寸剪裁下料，四周剪裁、粘贴必须整齐，要与衬板边平齐，最后用环保型胶黏剂平整地粘贴在衬板上（图2-3-12）。

图 2-3-12　粘贴内衬材料

（2）做直接铺贴和门扇软包时，应待墙面细木装修和边框完成，油漆作业基本完成，基本达到交活条件，再按弹好的线对内衬材料进行剪裁下料，然后直接将内衬材料粘贴在底板或门扇上。铺贴好的内衬材料表面必须平整，勾缝必须顺直整齐。

5）面层施工

（1）用于蒙面的织物、人造革的花色、纹理、质地必须符合设计要求，同一空间必须使用同一批面料。面料在蒙铺之前必须确定正反面。面料的纹理及纹理方向，在正放的情况下，织物面料的经纬线应垂直和水平。用于同一空间的所有面料，纹理方向必须一致，尤其是起绒面料，更应注意。织物面料要先进行拉伸熨烫，再进行蒙铺上墙。

（2）预制镶嵌衬板蒙面及安装：面料有花纹、图案时，应先包好一块作为基准，再按编号将与之相邻的衬板面料对准花纹后进行裁剪。面料裁剪根据衬板尺寸确定，织物面料剪裁好以后，要先进行拉伸熨烫，再蒙到已贴好内衬材料的衬板上，从衬板的反面用U型气钉和胶黏剂进行固定。蒙面料时要先固定上下两边（即织物面料的经线方向），四角叠整规矩后，再固定另外两边。蒙好的衬板面料应绷紧、无褶皱，纹理拉平拉直，各块衬板的面料绷紧度要一致。最后将包好面料的衬板逐块检查，确认合格后，按衬板的编号进行试安装，经试安装确认无误后，用钉粘接的方法（即衬板背面刷胶，再用蚊钉从布纹缝隙钉入，必须注意气钉不要打断织物纤维），固定到墙面底板上。

（3）直接铺贴和门窗软包面层施工：按已弹好的分格线和设计造型，确定面料分缝定位点，把面料按定位尺寸进行剪裁，剪裁时要注意相邻两块面料的花纹和图案必须吻合。将剪裁好的面料蒙铺到已贴好内衬材料的门扇或墙面上，把下端和两侧位置调整合适后，用压条先将上端固定好，然后固定下部和两侧。四周固定后，若设计要求有压条或装饰钉时，按设计要求钉好压条，再用电化铝帽头钉或其他装饰钉（梅花状）进行固定。设计采用木压条时，必须先将压条进行油漆打磨，完成后再进行上墙安装。

6）理边、修整

清理接缝、边沿露出的面料纤维，调整接缝不顺直处。开设、修整各设备安装孔，安装镶边条，安装贴脸或装饰物，修补各压条上的钉眼，修整涂刷压条、镶边条油漆，最后擦拭、清扫浮灰。

7）完成其他涂饰

软包面施工完成后，要对其周边的木质边框、墙面，以及门扇的其他几个面做最后一遍油漆或涂饰，以使整个室内装修效果完整、整洁。

（三）验收质量标准

1. 软包工程的质量要求与检验方法应符合表2-3-3中的规定。

软包工程的质量要求与检验方法 表2-3-3

项目	项次	质量要求	检验方法
主控项目	1	软包面料、内衬材料及边框、压条的材质、颜色、图案、燃烧性能等级及有害物质含量应符合设计和招标文件要求及国家标准的有关规定，木材含水率应不大于12%	观察，检查产品合格证书、进场验收记录和性能检测报告
	2	安装位置及构造做法应符合设计要求	观察，尺量检查
	3	龙骨、衬板、边框、压条应安装牢固，无翘曲，拼接缝应平直	观察，手扳检查
	4	单块软包面料不宜有接缝，四周应绷压严密	观察，手扳检查
一般项目	5	软包工程表面应平整、洁净，表面无明显凹凸不平及皱褶，图案应清晰、无色差，整体应协调美观	观察
	6	边框、压条应平整、顺直、接缝吻合，其表面涂饰质量应符合《建筑装饰装修工程质量验收标准》GB 50210—2018中涂饰工程的有关规定及要求	观察，手摸检查
	7	清漆涂饰木制边框、压条的颜色、木纹应协调一致	观察

2. 软包工程安装的允许偏差和检验方法应符合表2-3-4中的规定。

软包工程安装的允许偏差和检验方法 表2-3-4

项次	项目	允许偏差/mm	检验方法
1	垂直度	3	线锤、红外线、钢尺
2	边框宽度、高度	0~2	钢尺检查
3	对角线长度差	1~3	钢尺检查
4	裁口、线条接缝高低差	1	钢直尺、塞尺

（四）成品保护

1. 软包工程施工完毕的房间应及时清理干净，不准作为材料库或休息室，以避免污染和损坏。并设专人进行管理（加锁，定期通风换气、排湿）。

2. 若软包工程施工安排插入较早，施工完毕还有其他工序施工，则必须设置成品保护膜。

3. 施工过程中，各工序必须严格按照规程施工，操作要干净利落，边缝要切割整齐到位，胶痕及时擦拭干净。并做到活完料净脚下清，下脚料当天及时清理。严禁非操作人员随意触摸成品。

4. 严禁在软包工程施工完毕的墙面上剔槽打洞。若因设计变更，必须采取可靠、有效的保护措施，施工完后要及时认真进行修复，以保证成品完整。

5. 在进行暖气、电气和其他设备等安装或修理过程中，应注意保护各墙面，严防污染和损坏成品。

6. 修补压条、镶边条的油漆或浆活时，必须对软包面进行保护。地面磨石、清理、打蜡时，也必须注意保护好软包工程的成品，防止污染、碰撞与损坏。

（五）应注意的质量问题

1. 软包工程所选用的面料、内衬材料、胶黏剂、细木工板、多层板等材料必须有出厂合格证和环保、消防性能检测报告，其防火等级必须达到设计和招标文件要求。

2. 接缝不平直、不水平：相邻两面料的接缝不平直、不水平，或虽接缝垂直但花纹不吻合，或不垂直、不水平等，是因为在铺贴第一块面料时，没有认真进行吊垂直和对花、拼花，因此在开始铺贴第一块面料时必须认真检查，发现问题及时纠正。特别是在预制镶嵌软包工艺施工时，各块预制衬板的制作、安装更要注意对花和拼花。

3. 花纹图案不对称：有花纹图案的面料铺贴后，门窗两边或室内与柱子对称的两块面料的花纹图案不对称，是因为面料下料宽窄不一或纹路方向不对，造成花纹图案不对称。预防方法是通过做样板间，尽量多采用试拼的措施，找出花纹图案不对称问题的原因，进行解决。

4. 离缝或亏料：相邻面料间的接缝不严密、露底称为离缝。面料的上口与挂镜线，下口与台面上口或踢脚线上口接缝不严密、露底称为亏料。离缝主要原因是面料铺贴产生歪斜，出现离缝。上下口亏料的主要原因是面料剪裁不齐、下料过短或裁切不细、刀具不锋利等原因造成。

5. 面层颜色、花形、深浅不一致：主要是因为使用的不是同一批面料，或同一空间面料铺贴的纹路方向不一致。解决办法为施工时认真进行挑选和核对。

6. 周边缝隙宽窄不一致：主要原因是制作、安装镶嵌衬板过程中，施工人员不仔细，硬边衬板的木条倒角不一致，衬板裁割时边缘不直、不方正等。解决办法就是强化操作人员责任心，加强检查和验收工作。

7. 压条、贴脸及镶边条宽窄不一，接槎不平、扒缝等：主要原因是选料不精，木条含水率过大或变形，制作不细，切割不认真，安装时钉子过稀等。解决办法是在施工时坚决摒弃不是主料就不重视的错误观念，必须重视压条、贴脸及镶边条的材质以及制作、安装过程。

（六）安全环保措施

1. 在搬运、堆放、施工过程中应注意避免扬尘等情况，采取遮盖、封闭、洒水、冲洗等必要措施。

2. 施工现场必须工完场清。设专人打扫，垃圾倾倒至指定地点，不能扬尘、污染环境。

3. 施工过程易燃材料较多，应加强保管、存放、使用的管理。

四、（子任务四）家装工程壁纸墙饰面的施工

（一）施工准备

1. 装饰施工依据

1）《壁纸》QB/T4034—2010

2）《室内装饰装修材料 壁纸中有害物质限量》GB 18585—2001

3）《环境标志产品技术要求 壁纸》HJ 2502—2010

4）《建筑材料及制品燃烧性能分级》GB 8624—2012

5）《建筑装饰装修工程质量验收标准》GB 50210—2018、《住宅装饰装修工程施工规范》GB 50327—2001

2. 技术要点概况分析：根据壁纸不同的种类，以及壁纸工艺进程的研发，从生产工艺到施工工艺都有着巨大差别，带给人们的就是丰富多彩的家居世界（图2-3-13）。

3. 操作准备（技术、材料、设备、场地等）

1）技术准备

（1）施工前墙体检查：平整、坚固、酸碱度、干燥、无污垢、乳胶漆墙体。

图 2-3-13　壁纸装饰效果示意

（2）施工前复查壁纸的数量（判断用料是否满足施工现场）有3种算法：

①简单算法，室内地面面积×2.5÷4.5=卷数。

②普通算法：设墙面周长为M，墙高为H，对花距离为L，幅宽为0.53m，壁纸长度为10m，壁纸用量$X=（M/0.53）/[10/（H+L）]$，其中$M/0.53$取大取整，$10/（H+L）$取小取整，X取大取整。

③精确算法：在普通算法的基础上，M不要包含窗户、门等长度，M只量取实体墙的长度。主要考虑每卷的纸头是否够窗户、门等处的使用。

2）材料准备

（1）施工前壁纸检查

复查型号、批号、流水号，检查壁纸表面，检查对花、脱色和脱层。

（2）基膜检查

检查基膜型号是否符合该款壁纸（品种、配比、用途、性能），检查是否有胀包现象，检查生产日期。

3）主要机具

（1）裁剪工具：剪刀、裁刀。

（2）刮涂工具：刮板、油灰铲刀。

（3）刷具：天然纤维或合成纤维毛刷。

（4）辊压工具：钢性辊筒。

（5）其他工具及设备：如量尺、红外线仪、海绵、毛巾、砂纸机等。

（二）主要施工方法与操作工艺

1．工艺流程

壁纸检查→算料→墙面检查→基层清扫处理→基膜上墙→墙面量尺→壁纸裁料→上胶→静放吸胶→放线定位→铺贴→缝隙处理→清理。

2．针对不同壁纸，具体施工方法不尽相同

1）普通胶面墙纸施工

墙纸的施工直接影响到其美观性与使用寿命。

（1）对施工现场墙纸的张贴位置及墙纸型号、批号、箱号等一一进行确认。

（2）如果墙纸不够则不能施工。

（3）在张贴第一幅墙纸前用线锤打垂线，具体的位置以阴角为基准，所贴墙纸幅宽减0.5cm处吊直线，这样能确保所张贴的墙纸完全垂直。例如，53cm幅宽的墙纸应在离阴角52.5cm处吊直线。

（4）测量墙体的高度，裁剪时上下各预留5cm。

（5）将上浆均匀的墙纸对折放置5~8min，以确保墙纸基底能充分吸胶。

（6）将墙纸按垂线方向张贴，对花产品要注意对齐花型，用刮板刮平，用裁刀裁除多余的墙纸。施工过程中如有胶水溢出，用干海绵擦除。为确保墙纸表面不留污渍，在施工过程中应勤换水。

（7）在墙纸张贴过程中，应实时检查品质情况，如发现问题立即停止施工。

（8）开关处采用划十字的方法处理，划十字时要使墙纸与开关保持一定距离，避免划伤开关面板，再用刮板抵住裁去多余的部位。为了安全，施工时需断开电源。

（9）阴角部分要用刮板将墙纸向墙角处刮齐，阴角以外预留3cm以上，以方便裁边。阳角部位用毛巾压平，包住墙角，以保证墙纸张贴后成直角（90°）。对花产品避免在阳角处对花，距离阳角约10cm处拼接。门窗处同样用刮板刮平，并裁去多余的部分。为了保证阴角、阳角、门窗的粘贴效果，可在这些部位涂刷白胶来加固。

（10）饰条的施工。饰条装修时，饰条的背面直接涂刷胶水，对折3~5min上墙，在离地面80~100cm处进行张贴。具体尺寸以窗台为基准，在施工时要注意保持饰条与地面的水平。用搭边对裁的方法取出底面一层底纸。

（11）墙纸张贴完毕需关闭门窗以及空调等通风设备3~5d，让其自然干燥，以免产生翘边。

2）纯纸施工

纯纸的施工方法与普通墙纸大致相同，区别在于以下几点：

（1）上墙之前检查墙面坚固度、平整度，确保无污渍。

（2）刮板必须光滑，施工人员指甲也要修剪平整，以免刮伤纸面。

（3）因纯纸收缩性较大，涂刷胶水时不能太厚，每次刷胶的幅数不能超过5幅。

（4）必须在纸上上胶，胶水要均匀，闷胶5~8min（时间太长的话，会导致墙纸容易破裂），闷胶时轻轻卷起来，避免有折痕。

（5）上墙后，从中间开始往下对花，再从中间往上对花，最好用短毛刷刮平（使用刮板的话，必须倾斜45°）。接缝处用辊轮轻轻压平，用手指抚摸接缝处，应该是光滑的，最后用干净的湿海绵把溢胶擦干净。第一幅贴完用纸带贴起对缝的一边，然后贴第二幅，防止溢出胶水，导致墙纸发黄。

（6）刚贴好的壁纸都是有显缝的，施工方法正确的话，干了以后就不显了。

（7）纯纸不闷胶的话，会有气泡，以雅琪诺品牌为例，国产纯纸闷胶在5min内，进口纯纸闷胶在5~10min。

（8）拼缝紧密，即缝隙尽量拼紧，如果溢胶，不要马上擦干，因为可起到保湿的作用，等贴完后再回来擦干。

（9）夏天贴墙纸，可在室内放一盆水，起保湿作用。

（10）基层发霉的话，可以买防霉水擦拭，或者刷基膜后进行酸碱度测试，如果墙面呈碱性，可以在基膜里加适量白醋中和。

3）无纺布墙纸施工

无纺布墙纸的施工方法与普通墙纸大致相同，区别在于以下几点：

（1）无纺布墙纸施工采用墙面上胶方式，上胶厚度2mm即可。第一幅贴完用纸带贴起对缝的一边，然后贴第二幅，防止溢出胶水导致墙纸发黄。如不小心溢胶到墙纸表面，用纯棉毛巾吸除，然后用新毛巾尽量小面积地擦洗。用纸带时，细心一点，基本不会出现这种情况。阴角用毛刷再次上胶加固。

（2）看标签确定是否需要正反贴，素色纸尽量不用刮板，改用毛刷。如果正反贴效果不好，可以撕下来顺贴。

（3）素色无纺纸最好搭边对裁，裁缝时用直尺。

（4）接缝处用压轮压平，尽量不使用或不用刮板。

（5）各类无纺布壁纸裱贴注意事项：

①无纺刺绣：

A．墙面上胶：等胶水似干非干的时候上墙，用毛刷刷平，不能溢胶。

B．用橡胶压轮压缝。

C．裁边时，刀要快，多出来的线头，蘸一点胶水压住线头。

②无纺纱线：

A．墙面上胶：胶水似干非干时上墙，不能溢胶。

B．用毛刷刷平。

C．跳纱处理：用纯胶均匀地抹在线上，用压轮压实。接缝处跳纱的话，方法一致，压轮改用铁质压轮。

D．若有气泡，拿湿海绵按一按气泡处。

③无纺植绒：

A．墙面上胶：胶水似干非干时上墙，注意绒毛处不能沾水沾胶。

B．用橡胶辊轮压缝，短毛刷刷平。

C．备好保洁袋（使用纱线、植绒等高端产品时）。

④无纺圆网工艺：

A．墙面上胶：胶水似干非干时上墙，不能溢胶。

B．搭边对裁，避免接缝。

C．有花型的，海绵蘸水在壁纸背面轻轻擦拭，软化墙纸，防止翘边。必须用毛刷，不能用刮板。

D．素色或金属光泽类，必须搭边对裁，避免起缝和溢胶。

（6）无纺布壁纸施工胶水配比（表2-3-5）

无坊布壁纸施工胶水配比 表2-3-5

墙纸类别	胶水成分	配置比例	刷胶方式
无纺布	糯米湿胶/植物纤维胶：水	1：1（一般用量：2kg胶兑2kg水）	墙面上胶

4）金箔纸施工

（1）金箔墙纸的施工方法与普通墙纸大致相同，区别在于以下几点：

①金箔纸表面的金箔本身会导电，在处理开关部位时保证断开电源。

②金箔纸怕折，施工时应小心处理。

③金箔纸的施工工具为毛刷。

④金箔纸配制胶水不使用白胶，以防止金箔与白胶起化学反应而导致墙纸发黑。

（2）金箔纸施工胶水配比（表2-3-6）

金箔纸施工胶水配比 表2-3-6

墙纸类别	胶水成分	配置比例	刷胶方式
金箔纸	糯米湿胶/植物纤维胶：水	1：1（一般用量：2kg胶兑2kg水）	墙纸背面上胶

5）墙布施工

（1）墙布施工与普通墙纸处理大致相同，区别在于阴阳角的处理

①墙布的材质较硬，在阴阳角的处理时要借助墙布软化器来进行软化，软化时，墙布软化器口离墙布的距离约在8cm。

②墙布软化器滑行均匀，不能烫伤墙布的表面。

（2）墙布施工胶水配比（表2-3-7）

墙布施工胶水配比　　　　　　　　　　　　　　表2-3-7

墙纸类别	胶水成分	配置比例	刷胶方式
墙布	强力墙布胶∶水	1∶1（一般用量：2kg胶兑2kg水）	墙面上胶

（三）质量通病与防治

客观因素导致质量问题。

1. 起泡（图2-3-14）

1）墙纸起泡的原因

图2-3-14　墙纸起泡示意

原因一：施工时空气没有完全排放出来，或在涂胶时厚薄不均匀，还有可能是墙体本身不平整或墙体较潮湿。

原因二：墙纸施工完遇水，这种情况非常容易起泡。

预防及处理方法：施工前对墙体进行水分测试，施工过程中注意水的使用，避免出现意外浸水。

原因三：粘贴墙纸前没有刷基膜或者虽然刷了但没有刷均匀；还有一种情况是，基膜用量不足，涂刷面积过大、过于稀薄导致不成膜。

预防及处理方法：一定要培养粘贴墙纸前先刷基膜的意识，形成良好的施工习惯。并且刷了基膜，一定要等基膜完全干才能粘贴墙纸。

原因四：粘贴纸基墙纸时，没有闷胶或者闷胶时间过短。

预防及处理方法：纸基墙纸要闷胶再上墙，一般PVC墙纸闷胶15min左右为宜，纯纸墙纸闷胶3min左右为宜。具体闷胶时间还要考虑天气、墙体情况等因素。

原因五：使用刮板时力道没有把握好，用力过度，导致墙纸背面的胶被部分刮掉。

预防及处理方法：用毛刷、刮板时，用力均匀，使胶涂布均匀。

原因六：有些墙布有凹凸花纹，容易产生涂胶不均匀的现象。

预防及处理方法：对于有凹凸花纹的墙纸，要用墙布上胶的方式，确保涂布均匀。

原因七：基层不平整，有浮尘、裂缝、凹陷等，使墙纸与墙体之间有空气存在。

2）预防及处理方法

对墙面情况进行正确判断及处理，例如，墙面凹凸不平需进行铲平，裂缝细小可用相应墙基膜处理，裂缝、掉皮严重可视情况判断是否需重批腻子。

起泡的解决方法：用针管将墙纸表面的气泡刺穿，将气体释放出来，再用针管抽取适量的胶黏剂注入针孔中，最后将墙纸重新压平，晾干即可。

2．翘边（图2-3-15）

1）原因分析：基层、粉层没处理干净或墙体潮湿，胶水黏合力不够导致。构成墙纸翘边的因素较多，而且彼此间有着不同程度的关联，应综合多方面的信息，分析问题的实质，才能得出正确的结论。导致墙纸翘边、开缝的因素大体上可归纳如下：

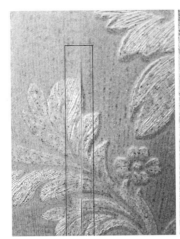

图2-3-15　壁纸翘边示意

（1）人为因素：施工不当

①软化时间过长。胀伸太大，干后形成缩缝。

②胶浆浓度太低，黏力不足，不能粘住壁纸。

③局部胶浆过多，收缩不匀。

④粘贴时刮板用力过大，或施工时过多地拉长和拉宽壁纸，导致拉抻过量，干后形成缩缝。

⑤双层切割时刀口重复、显缝。

⑥操作者对缝不严。

维修方法：

纯纸壁纸和PVC壁纸：用毛巾湿润接缝，过4～5min揭开壁纸，再刷胶重新粘贴。

无纺和丝绒纤维壁纸：没有膨胀性的壁纸一般可以整张撕揭，先揭开壁纸，用拇指和食指轻轻依次拉长再刷胶粘贴。

（2）产品不当：包括产品选用不当和产品的调配不当。施工前，应首先评估一下要进行施工的墙纸，最好能事先作粘贴测试；选择合适的壁纸胶品牌，切不可靠经验行事。

①产品的选用不当，例如，没有合理地评估所选用的产品是否合格，而直接选用性能不能满足要求的产品去粘贴壁纸，如用性能一般的墙纸胶来粘贴（厚重）墙纸，容易出现问题。无纺类的壁纸，由于本身是收缩性很强的壁纸类型，应该使用黏性较强的壁纸胶产品，如专用的墙纸胶。

②产品的调配、应用不当，包括：胶粉兑水量没有依照包装说明，加水过多或过少；墙纸胶调胶时间过短，搅拌不均匀，未能完全糊化，黏性不佳；工人调胶方法不当，造成抛团，胶浆黏度偏低等。

（3）环境因素：包括施工时的温度、阳光、风力与湿度条件（阳光照射、强风吹刮都易引起收缩不匀，局部开裂）；墙面基层（腻子）的结实度、墙面的光洁度与吸水性、墙面的封闭处理效果、施工表面的承载能力等。在环境条件不允许的情况下盲目进行施工，必然会出现问题。

2）综合以上，造成墙纸翘边、开缝的原因是复杂的，产品只是其中一个最直观的方面，还有许多隐藏的、不易发现的影响因素，还需要我们在日常的施工操作中积累经验和改进。如需补救，则先用尖锐的工具挑开接缝边缘，再用海绵把纸背面的老胶液溶解干净，使其自然晾干，再用快干型胶（强力墙布胶、布鲁斯特胶等）或黏性好的胶针对小面积进行粘贴，立即见效。

图2-3-16 接缝溢胶示意

3. 接缝溢胶（图2-3-16）

1）原因及处理方法

施工时，表层溢胶未及时清理干净，后期与空气产生氧化反应导致接缝发黑。尽量在施工过程中浓胶薄涂，上胶厚度2~3mm即可，如不小心胶水溢出墙纸表面，用纯棉毛巾吸除，然后用新毛巾尽量小面积擦拭。

2）针对不同材质的处理方法

（1）用湿海绵擦：适用于表面可擦洗的墙纸。

（2）用干毛巾吸除：适用于表面不能沾水的墙纸。

（3）用湿海绵吸除：适用于表面为颗粒状的墙纸。

3）拼缝的处理

（1）最佳的拼缝处理方式是自然拼接，用刮板刮平而不加过多的外力。

（2）用压轮处理。当边上有轻微翘起时用平压轮辗平。

（3）用针筒注入白胶，当边缘因胶水干燥或没有胶时用针筒注入白胶，并用平压轮辗平。

4）拼缝处有印渍的原因及处理方法

在贴墙纸时，胶水没有完全搇出来，堆积在接缝处，时间久了与墙纸起了反应。

图2-3-17 掉色、变色示意

解决方法：60~80℃温开水一小瓶，加上一瓶白醋，等水冷却下来后，刷在接缝处（建议局部试验）。墙纸贴好后在1~2个月内效果会比较好，可以去除掉80%的痕迹。

4. 掉色、变色（图2-3-17）

采用不上浆、不含整理剂的漂白棉细布对墙纸的色牢度进行试验。

例如，光面壁纸颜色偏深，施工时，刚上墙墙纸是湿的，表层会有少许的褪色，等墙纸自然风干后就不再会有褪色现象；另外，施工时在表层用力排空气也会导致壁纸表面颜色受损。

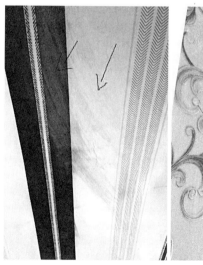

检测标准：

1）干摩擦：将试样放在摩擦色牢度测试机台上，两端以夹固定，然后将干的摩擦布固定在摩擦头上，往复摩擦25次。

2）湿摩擦：将试样固定在测试台上，摩擦布用蒸馏水润湿，使摩擦布含水率达到95%～105%，用湿摩擦布按干摩擦的方法往复5次。摩擦实验后，将摩擦布放在室温下干燥。

5. 发霉（图2-3-18）

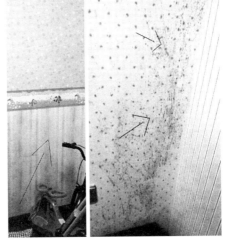

图2-3-18　墙纸发霉示意

墙纸发霉一般发生在雨季和潮湿天气条件下，主要原因是墙体水分过高。墙纸发霉，一般在墙纸表面都会有斑点。

1）产生发霉的原因

（1）墙体渗水。

（2）胶水未完全干透。

（3）在贴墙纸时，有水分和空气长期存在墙纸里，与胶水起反应而引起发霉。

（4）空气湿度大。

（5）墙纸湿贴。

2）处理方法

（1）霉点较小，建议蘸肥皂水或祛霉清洁剂擦拭，并用吹风机吹干。

（2）霉点较大，则需更换墙纸。如是墙体渗水引起，需先彻底解决此问题再进行张贴。从壁纸发展来看，当前行业普遍采用水性油墨印刷，水性油墨是有机物（之前使用的油性油墨为无机物），在环保的同时也为真菌的繁殖提供了环境。另外，现在普遍采用糯米等为原材料的湿胶进行粘贴，也在环保的同时为真菌繁殖提供了营养，尤其是在空气湿度比较大的南方，如果空气湿度大于70%时，胶水得不到快速风干，长时间在基底呈黏糊状，就会造成霉菌的生长。

（四）生产过程可控的质量异常

1. 拉线（图2-3-19）

其表现是在壁纸表面有一段与周围颜色不同的直线，拉线问题可能出现在涂布或印刷两个过程中：

1）涂布拉线的原因是涂布刀出现磨损或糊料中有体积较大的颗粒，在通过涂布刀时停留在涂布刀的前面，颗粒后面的原纸上没能涂上糊料。

2）印刷拉线的原因可能是印刷刮刀有磨损或水性

图2-3-19　拉线

油墨中存在杂质。

2．漏印（图2-3-20）

墙纸表面某处没有印花，露出底层，影响墙纸装饰效果。不允许有影响外观的漏印。

3．污点（图2-3-21）

壁纸在胶化过程中糊料中的某些物质随温度的升高而挥发，热混合气体达到烘箱顶部后遇冷凝结，时间长达到一定的重量，会滴到壁纸表面形成污点。

4．跑花（图2-3-22）

墙纸边缘露出白边或纸底，图案边缘轮廓不清晰。印刷套印偏差大于1.5mm或2mm为判断标准。

5．裁边不良（图2-3-23）

生产裁边错误导致，该问题可通过检查每卷墙纸边缘图案是否完全一致来确定。裁边缺陷分为以下几种：

1）毛边：裁刀不锋利所致；

2）S边：纸张张力不够，使裁刀左右摇晃以致裁出曲线形；

3）蛇形边：纸张张力太松所致裁出波浪形。

6．油污（图2-3-24）

机器零件的润滑油等在运行时滴到纸上所致。

7．生产接头（图2-3-25）

生产过程中半成品前后卷衔接处粘贴的接头。

8．白点（图2-3-26）

9．对不上花（图2-3-27）

底纸上色不均匀或圆网工艺产品漏网，导致壁纸贴在墙上后，无法将一个完整的图案拼对成型。这可能是由于在裁边时裁得过大或过小，也可能是施工人员没有按正确的方法操作，致使壁纸的张力发生变化，产生形变，还可能是墙纸切边时移位，使前一卷墙纸和后一卷墙纸图案拼花不完整，从而影响墙纸的装饰效果。

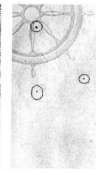

图2-3-20 漏印
图2-3-21 污点

图2-3-22 跑花

图2-3-23 裁边不良
图2-3-24 油污

图2-3-25 生产接头

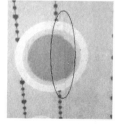

图2-3-26 白点
图2-3-27 对不上花

10. 版本差异（图2-3-28）

生产中未能严格对色，导致产品与版本存在不同色相的差异，且版本与产品不是同一时间生产的。需将色相差异掌控在10%范围以内。

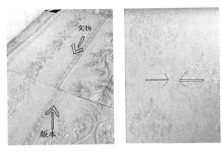

图 2-3-28　版本差异
图 2-3-29　色差

11. 色差（图2-3-29）

指壁纸上出现的颜色差异，出现色差有两种情况：

1）批内色差是指在同一批号内的壁纸出现色差。

2）混批色差是指不同批次之间的色差。

（1）仓库出货过程，可能会出现因流水号相差过大或混批导致色差。

（2）施工时会出现湿胶透底导致的色差。

由于受温度、水性油墨（水性油墨挥发的浓度）变化等客观因素的影响，壁纸的色差是无法避免的。每个壁纸生产商都在改善工艺，尽可能将影响壁纸生产的因素降到最低。

（五）家装验收标准

1. 在1.5m以外，自然光照下无接缝（天然壁布除外）。

2. 在1.5m以内，自然光照下无色差（天然壁布除外）。

（六）行业标准解析

《室内装饰装修材料 壁纸中有害物质限量》GB 18585—2001、《壁纸》QB/T 4034—2010 规定了壁纸中的重金属元素、氯乙烯单体及甲醛等物质的限量、检验方法、检验规则。壁纸中的有害物质限量值应符合表2-3-8的规定。

壁纸中的有害物质限量值　　　　　　　表2-3-8

有害物质名称		限量值/（mg/kg）
重金属（或其他）元素	钡	≤1000
	镉	≤25
	铬	≤60
	铅	≤90
	砷	≤8
	汞	≤20
	硒	≤165
	锑	≤20
氯乙烯单体		≤1.0
甲醛		≤120

壁纸等级的划分：优等品、一等品、合格品（见表2-3-9）。

项目	规定		
	优等品	一等品	合格品
色差	不应有明显差异		允许有差异，但不影响使用
伤痕和皱折	不应有		允许基材有轻微折印，但成品表面不应有死折
气泡	不应有		不应有影响外观的气泡
套印精度	偏差不大于1.5mm		偏差不大于2mm
露底	不应有		露底不大于2mm
漏印	不应有		不应有影响外观的漏印
污染点	不应有	不应有目视明显的污染点	允许有目视明显的污染点，但不应密集

（七）成品保护

1. 要注意保护好上道工序已完成的各分项分部工程成品的质量。在运输和施工操作中，要注意保护好门窗框扇，特别是铝合金门窗框扇、墙纸、踢脚板等成品，使其不遭损坏和污染。应采取保护和固定措施。

2. 壁纸等材料进场后，要注意堆放、运输和操作过程中的保管工作。应避免日晒、风吹、雨淋，要防潮，防火，防人踩、物压等。应设专人加强管理。

3. 要认真贯彻岗位责任制，严格执行工序交接制度。凡每道工序施工完毕，就应及时清理壁纸上的杂物，及时清擦被操作污染的部位。并注意关闭门窗和关闭卫生间水嘴，严防壁纸被雨淋和水泡。

4. 操作现场严禁吸烟。应从准备工作开始，根据工程任务的大小，设专人进行消防、保卫和成品保护监督，给他们佩戴醒目的袖章并加强巡查工作，同时要执行证件准入，严格控制非工作人员进入。

（八）安全环保措施

1. 在搬运、堆放、施工过程中应注意避免扬尘等情况，采取遮盖、封闭、洒水、冲洗等必要措施。

2. 施工现场必须工完场清。设专人打扫垃圾并倾倒至指定地点，不能扬尘、污染环境。

3. 施工过程易燃材料较多，应加强保管、存放、使用的管理。

五、（子任务五）家装工程玻璃（镜）墙饰面的施工
（一）施工准备

1. 依据

装饰施工依据：《建筑装饰装修工程施工操作工艺手册》。

2. 技术要点概况分析

安装方法、龙骨垂直、龙骨间距、基层板表面平整。

3. 操作准备（技术、材料、设备、场地等）

1）技术准备

（1）熟悉施工图纸及设计说明，对房间的净高、各种洞口标高和隔墙内的管道、设备的标高进行校核。发现问题及时向设计单位提出，并办理洽商变更手续，把各专业设备安装间的矛盾解决在施工之前。

（2）根据设计图纸、隔墙高度和现场实际尺寸进行排板、排龙骨等深入设计，绘制大样图，办理委托加工。

（3）根据施工图中隔墙标高要求和现场实际尺寸，对龙骨进行翻样并委托加工。

（4）编制轻钢钢架隔墙施工方案并经审批。

（5）施工前先做样板间，经现场监理、建设单位检验合格并签字确认。

（6）对操作人员进行书面安全技术交底。

2）材料要求

（1）玻璃墙面木框、龙骨、底板、面板等木材的树种、规格、等级、含水率和防火处理必须符合设计图纸要求（图2-3-30）。

（2）玻璃强度设计值应根据荷载方向、荷载类型、最大应力点位置、玻璃种类和玻璃厚度选择。

图2-3-30 玻璃（镜）
墙饰面效果示意

（3）龙骨一般用白松烘干料，含水率不大于12%，厚度应根据设计要求，不得有腐朽、节疤、劈裂、扭曲等瑕疵，并预先经过防火处理。

（4）胶黏剂应有出厂合格证，应符合国家关于有害物质限量标准的要求。

3）主要机具

（1）机具：激光标线仪、手提式电动圆锯、气泵、电刨、无齿锯、手枪钻、冲击电锤、电焊机、角磨机等。

（2）工具：蚊钉枪、钢排枪、码钉枪、气钉枪、拉铆枪、射钉枪、手锯、手刨、钳子、扳手、灰刀、螺钉旋具等。

（3）计量检测用具：墨斗、水准仪、靠尺、钢卷尺、水平尺、楔形塞尺、线坠等。

（4）安全防护用品：手套等。

4）作业条件

（1）墙内的电气管线及设备底座等隐蔽物已安装好，并通过验收。

（2）混凝土和墙面抹灰完成，墙面基层已处理完毕。

（3）中央空调、新风等系统已安装完毕，调试成功并验收合格。

（4）抹灰工程、吊顶工程、地面工程、门窗工程及涂饰工程已完成，验收合格。

（5）已弹好+500mm水平线，室内顶棚标高已确定。

（二）施工工艺

直接在木基层上做玻璃墙面。

1. 工艺流程

弹线、分格→钻孔、打入木楔→装钉木龙骨→铺钉欧松板→画线→拼装玻璃→封玻璃胶。

2. 施工操作要点

1）弹线、分格

用红外线水平仪映射出垂直线及水平线，借助+500mm水平线，确定玻璃墙面或顶面的厚度、高度及打眼位置等（用25mm×30mm的方木，按设计要求的尺寸分档）。

2）钻孔、打入木楔

孔眼位置在墙上弹线的交叉点，孔距400~600mm，可视板面划分而定，孔深40mm，用冲击钻头钻孔；木楔经防火处理后，打入孔中，塞实塞牢。

3）装钉木龙骨

（1）制作木龙骨框架。木龙骨框架的大小，可根据实际情况加工成一片或几片拼装到墙上（图2-3-31）。

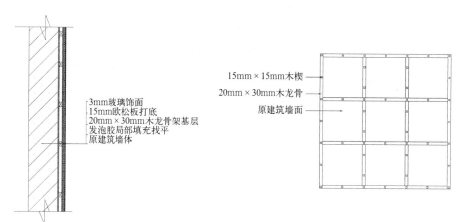

3mm玻璃饰面
15mm欧松板打底
20mm×30mm木龙骨架基层
发泡胶局部填充找平
原建筑墙体

15mm×15mm木楔
20mm×30mm木龙骨
原建筑墙面

图2-3-31　木龙骨框架

（2）木龙骨架应涂刷防火涂料。

（3）将预制好的木龙骨架靠墙直立，用水平仪找平、找垂直，用钢钉钉在木楔上，边钉边找平、找垂直。凹陷较大处应用木楔垫平钉牢。

4）铺钉欧松板

（1）将木龙骨架与欧松板接触的一面刨光，使铺钉的胶合板平整。

（2）用气钉枪将欧松板钉在木龙骨上，钉固时从板中间向两边固定，接缝应在木龙骨上且钉头没入板内，使其牢固、平整（图2-3-32）。

5）画线

依据设计图在欧松板基层上画出玻璃的外框及造型尺寸线。

图 2-3-32　铺钉欧松板
图 2-3-33　拼装玻璃

6）拼装玻璃

按尺寸线裁切玻璃，在玻璃背面涂布结构胶并轻柔按压，拼装到欧松板上（图2-3-33）。

7）封玻璃胶

使用玻璃胶枪沿玻璃边缘均匀封闭玻璃胶。

（三）质量标准

1. 主控项目

1）玻璃的材质、颜色、燃烧性能等级和木材的含水率应符合设计要求及国家现行标准的有关规定。

检验方法：观察，检查产品合格证书和性能检测报告。

2）玻璃的安装位置及构造做法应符合设计要求。

检验方法：观察，尺量检查。

3）龙骨、衬板、边框应安装牢固，无翘曲，拼缝应平直。

检验方法：观察，手扳检查。

4）玻璃表面不应有崩裂、破损。

检验方法：观察。

2. 一般项目

玻璃安装的允许偏差和检验方法应符合表2-3-10的规定。

玻璃安装允许偏差和检验方法　　　　　　表2-3-10

项次	项目	允许偏差/mm	检验方法
1	垂直度	3	用1m垂直检测尺检查
2	边框宽度、高度	0、2	用钢尺检查
3	对角线长度差	3	用钢尺检查
4	裁口、线条接缝高低差	1	用钢直尺和塞尺检查

（四）成品保护

1. 饰面施工、运输过程应注意保护，不得碰撞、刻划、污染玻璃（镜面）。在墙面施工过程中，严禁非操作人员随意触摸成品。当饰面被污染或碰撞时，应及时擦洗干净。

2. 施工时应对已完成的装饰工程及水电设施等采取有效措施加以保护，防止损坏及污染。

3. 饰面四周还需施涂涂料等作业时，应贴纸或覆盖塑料薄膜，防止污染饰面。

4. 已完工的饰面，不得堆放、靠放物品。

5. 已完工的房间，应及时清理干净。

（五）安全环保措施

1. 在搬运玻璃（镜面）、堆放、施工过程中应注意避免扬尘等现象，应采取遮盖、封闭、洒水、冲洗等必要措施。

2. 施工现场必须工完场清。设专人打扫垃圾并倾倒至指定地点，不能扬尘、污染环境。

3. 施工过程易燃材料较多，应加强保管、存放、使用的管理。

六、（子任务六）家装工程木质墙饰面的施工

（一）施工准备

1. 依据

装饰施工依据:《建筑装饰装修工程施工操作工艺手册》。

2. 技术要点概况分析

安装方法、龙骨垂直、龙骨间距、基层板表面平整（图2-3-34）。

图2-3-34　木质墙饰面

3. 操作准备（技术、材料、设备、场地等）

1) 技术准备

（1）熟悉施工图纸及设计说明，对房间的净高、各种洞口标高和隔墙内的管道、设备的标高进行校核。发现问题及时向设计单位提出，并办理洽商变更手续，把各专业设备安装间的矛盾解决在施工之前。

（2）根据设计图纸、隔墙高度和现场实际尺寸进行排板、排龙骨等深入设计，绘制大样图，办理委托加工。

（3）根据施工图中隔墙标高要求和现场实际尺寸，对龙骨进行翻样并委托加工。

（4）对操作人员进行书面安全技术交底。

2) 材料要求

（1）龙骨、底板、面板等木材的树种、规格、等级、含水率和防水处理必须符合设计图纸要求。

（2）龙骨一般用白松烘干料，含水率不大于12%，厚度应根据设计要求，不得有腐朽、节疤、劈裂、扭曲等瑕疵，并预先经过防火处理。

（3）胶黏剂应有出厂合格证，应符合国家关于有害物质限量的标准的要求。

3）主要机具

（1）机具：激光标线仪、手提式电动圆锯、气泵、电刨、无齿锯、手枪钻、冲击电锤、电焊机、角磨机等。

（2）工具：蚊钉枪、钢排枪、码钉枪、气钉枪、拉铆枪、射钉枪、手锯、手刨、钳子、扳手、灰刀、螺钉旋具等。

（3）计量检测用具：墨斗、水准仪、靠尺、钢卷尺、水平尺、楔形塞尺、线坠等。

（4）安全防护用品：手套等。

4）作业条件

（1）墙内的电器管线及设备底座等隐蔽物件已安装好，并通过验收。

（2）混凝土和墙面抹灰完成，墙面基层已刷完。

（3）中央空调、新风等系统已安装完毕，调试成功并验收合格。

（4）抹灰工程、吊顶工程、地面工程、门窗工程及涂饰工程已完成，验收合格。

（5）已弹好+500mm水平线，室内顶棚标高已确定。

（二）施工工艺

1. 工艺流程

墙体表面处理→预制木龙骨架→弹线、分格→钻孔、打入木楔→装钉木龙骨→铺钉欧松板→选板→装饰板试拼、下料、编号→安装饰面板→检查、修整和封边、收口。

2. 施工操作要点

1）墙体表面处理

墙体表面的灰尘、污垢、浮沙、油渍、垃圾、溅沫及砂、浆流痕等清除干净，并洒水湿润。凡有缺棱掉角之处，用聚合物水泥砂浆修补完整。纸面石膏板墙基层有缺棱掉角之处，需用粘接石膏修补完整；所有自攻螺钉孔需用嵌缝石膏腻子封眼嵌平，干后用砂纸打平磨光；板缝应用石膏腻子嵌实拉平并用砂纸打平磨光；上述工序完成后，整个墙面满刮腻子两遍，并打平磨光。

2）安装木龙骨

（1）龙骨正面刨光，满涂防火涂料三道。

（2）钻孔、打入木楔。

孔眼位置在墙上弹线的交叉点，孔距400～600mm，可视板面划分而定，孔深40mm，用冲击钻头钻孔；木楔经防火处理后，打入孔中，塞实塞牢。

3）装钉木龙骨

（1）制作木龙骨框架，木龙骨架的大小，可根据实际情况加工成一片或几片拼装到墙上（图2-3-35）。

（2）木龙骨架应涂刷防火涂料。

（3）将预制好的木龙骨架靠墙直立，用水平仪找平、找垂直，用钢钉钉在木楔上，边钉边找平、找垂直。凹陷较大处应用木楔垫平钉牢。

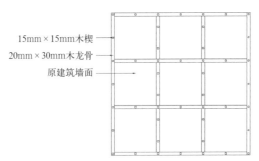

15mm×15mm木楔
20mm×30mm木龙骨
原建筑墙面

图 2-3-35 装钉木龙骨框架

4）铺钉欧松板

（1）将木龙骨架与欧松板接触的一面刨光，使铺钉的胶合板平整。

（2）用气钉枪将欧松板钉在木龙骨上，钉固时从板中间向两边固定，接缝应在木龙骨上且钉头没入板内，使其牢固、平整（图2-3-36）。

（3）欧松板按照400~600mm的间距开直径30~50mm的圆孔。

5）安装饰面板

（1）清理、修整木龙骨及饰面板：木龙骨表面及饰面板背面应加以清理，不得有钉头、硬粒等，微小凹陷之处可用油性腻子补平，上凸处用砂纸磨平。

图 2-3-36 铺钉欧松板

（2）弹线：根据具体工程设计及翻样、试拼和编号，在欧松板上将饰面板的具体位置一一弹出。

（3）涂胶：在饰面板背面与欧松板粘贴之处满涂胶黏剂一层。涂胶应薄而均匀，严禁吹入任何灰尘等杂物。

图 2-3-37 饰面板粘贴

（4）饰面板粘贴：根据编号和弹线，将饰面板顺序上墙，就位粘贴。每块饰面板上墙就位后需用手在板面上（欧松板处）均匀按压，随时与相邻板调平找直，并注意使木纹纹理与相邻各板拼接严密、对称、正确并符合设计要求；粘贴完毕用干净的布将挤出的胶液擦净（图2-3-37）。

6）检查、修整和封边、收口

（1）全部饰面板安装完毕，应进行全面抄平及严格的质量检查。凡有不平、不直、对缝不严、木纹错位等，应彻底纠正、修理。

（2）根据设计要求对饰面板封边、收口，所有有关封边、收口的线脚、饰条等，均按具体设计处理。

（三）施工质量通病

质量通病：使用一两年后板材起鼓、翘曲。

原因：基层欧松板未开透气孔，热胀冷缩时变形应力无处释放导致表面板材起鼓、翘曲。

防治方法：欧松板材间距400~600mm开直径30~50mm圆孔；欧松板材尺寸切割成600mm宽、2400mm高。

（四）质量标准

1. 龙骨、衬板、边框应安装牢固，无翘曲，拼缝应平直。

2. 饰面板颜色、花纹应协调。板面应略大于骨架，大面应净光，小面应刮直。木纹根部应向下，长度方向需要对接时，花纹应通顺，其接头位置应避开视线平视范围，宜在室内地面2m以上或1.2m以下，接头应留在横撑上。

（五）成品保护

1. 饰面施工、运输过程应注意保护，不得碰撞、刻划、污染。在墙面施工过程中，严禁非操作人员随意触摸成品。当饰面被污染或碰撞时，应及时擦洗干净。

2. 施工时应对已完成的装饰工程及水电设施等采取有效措施加以保护，防止损坏及污染。

3. 饰面四周还需施涂涂料等作业时，应贴纸或覆盖塑料薄膜，防止污染饰面。

4. 已完工的饰面，不得堆放、靠放物品，严禁上人蹬踩。

5. 已完工的房间，应及时清理干净。

（六）安全环保措施

1. 底板、面板等材料中有害物质的含量不得超标。

2. 使用切割机等手持电动工具之前，必须检查安全防护设施和漏电保护器，保证设施齐全、灵敏有效。

3. 在搬运木方、堆放板材、施工过程中应尽量注意避免扬尘等情况，应采取遮盖、封闭、洒水、冲洗等必要措施。

4. 施工现场必须工完场清。设专人打扫垃圾并倾倒至指定地点，不能扬尘、污染环境。

5. 施工过程易燃材料较多，应加强保管、存放、使用的管理。

实训内容：软包与玻璃（镜）墙饰面的施工

第四节　任务四　家装工程顶棚装饰施工

家装吊顶的类型主要有纸面石膏板吊顶、玻璃吊顶、集成吊顶、软膜吊顶等，下面，我们先来学习T型龙骨吊顶装饰施工（图2-4-1）。

图 2-4-1　T 型龙骨吊顶

一、（子任务一）T型龙骨吊顶装饰施工

（一）施工准备

1．依据

装饰施工依据：《建筑装饰装修工程质量验收标准》GB 50210—2018、《建筑地面工程施工质量验收规范》GB 50209—2010和《木结构工程施工质量验收规范》GB 50206—2012。

2．技术要点概况分析

吊顶龙骨的安装，面层板的收口，不同面层的安装处理方法。

3．操作准备（技术、材料、场地、设备等）

1）技术准备

（1）熟悉施工图纸及设计说明，对房间的净高，各种洞口标高和吊顶内的管道，设备的标准进行校核。发现问题及时向设计单位提出，并洽商变更手续，把各专业设备安装间的矛盾解决在施工之前。

（2）根据设计图纸、吊顶高度和现场实际尺寸进行排板、计算等深入设计，绘制大样图，办理委托加工。

（3）根据施工图中吊顶标高要求和现场实际尺寸，对吊杆进行翻样并委托加工。

（4）编制施工方案并经审批。

（5）施工前先做样板间（段），经现场监理建设单位检验合格并签字确认。

（6）对操作人员进行安全技术交底

2）材料要求

带栓吊筋或龙骨、T型龙骨、石膏板、矿棉板、铝板、边条等各种材料必须符合国家现行标准的有关规定。应有出厂质量合格证，性能及环保检测报告等质量证明文件。

（1）T型龙骨：主、次龙骨的规格、材质等应符合设计要求和现行国家标准的有关规定，使用前作防锈处理。

（2）饰面板：按设计要求选用饰面板的品种，主要有石膏板、纤维水泥加厚板、矿棉板、胶合板、铝扣板、格栅等。

（3）辅材：龙骨专用吊挂件、连接件等附件。吊杆、膨胀螺栓、钉子、自攻螺钉、角码等应符合设计要求并进行防腐、防锈处理。

3）主要机具

（1）计量检测用具：激光标线仪、手提式电动圆锯、手枪钻、冲击电锤、电焊机、角磨机等。

（2）工具：钢排枪、码钉枪、拉铆枪、射钉枪、气钉枪、手锯、钳子、羊角锤、扳手等。

（3）计量检测用具：墨斗、水准仪、靠尺、钢卷尺、水平尺、线坠、工程线等。

（4）安全防护用品：安全帽、安全带、电焊面罩、电焊手套等。

4）作业条件

（1）施工前按设计要求对房间的层高、门窗洞口标高和吊顶内的管道设备及其支架的标高进行测量检查，并办理交接记录。

（2）各种材料配套齐全，已进场并进行了检测和复验。

（3）室内墙面施工作业已基本完成，只剩最后一道涂料，地面湿作业已完成并经检验合格。

（4）吊顶内的管道和设备安装已调试完毕，并经检验合格，办理交接手续。

（5）T型龙骨合格，并作防锈处理。

（6）室内环境应干燥、通风良好，吊顶内四周墙面的各种孔洞已封堵处理完毕。

（7）施工所需的脚手架已搭接好，并经检验合格。

（8）施工现场所需的临时用水、用电、各种工具准备就绪。

（二）主要施工方法与操作工艺

工艺流程：

测量放线→固定吊杆→安装边龙骨→安装U型主龙骨→安装T型次龙骨→安装饰面板。

1．测量放线

1）弹出吊顶标高线：利用红外线放射仪在垂直方向墙面上找到水平标高线，并用卷尺量出顶棚的设计标高（设计标高由设计方案给出），按标高控制水准线在房间内每个墙（柱）上标出高程控制点（墙体较长时，控制点间距3～5m设一点），然后用墨斗沿墙（柱）弹出吊顶标高控制线。按吊顶龙骨排列图，在顶棚上弹出主龙骨的位置线和嵌入式设备外形尺寸线。主龙骨间距一般为900～1000mm，均匀布置，排列时应避开嵌入式设备位置，并在主龙骨的位置线上以十字标出固定吊杆的位置，吊杆间距应为900～1000mm，距主龙骨端头应不大于300mm，均匀布置。若遇较大设备或通风管道，吊杆间距大于1600mm时，宜采用型钢扁担来满足吊杆间距。

2）放设备位置线：按图纸位置和设备实际尺寸、安装形式，将吊顶的所有大型设备、灯具、电扇等的外形尺寸和吊具、吊杆的安装位置，用墨斗弹于顶棚上。

3）弹出吊顶造型位置线（顶棚线）。

2. 固定吊杆

1) 通常用冷拔钢筋做吊杆（图2-4-2）。根据吊顶设计确定出高度→将吊杆按吊顶高度截取→将吊杆按所确定的位置固定于楼板底面→拉十字中心线固定在边龙骨上以检测吊杆的安装是否水平。

2) 不上人吊顶，吊杆长度小于1000mm，直径宜不小于6mm；吊杆长度大于1000mm时，直径宜大于

图2-4-2　固定吊杆

10mm。上人的吊顶，吊杆长度小于1000mm时，直径应不小于8mm；吊杆长度大于1000mm时，直径应大于10mm。吊顶扁担承担吊件杆，当扁担承担6根以上吊杆时，直径应适当增加，吊杆长度大于1500mm时，还必须设置反向支撑杆，制作好的金属吊杆应作防腐防锈处理。

3) 吊杆用冲击电锤打孔后，用膨胀螺栓固定到楼板上。吊杆应通直并有足够的承载力。在埋件上安装吊杆和吊杆接长时，宜采用焊接并连接牢固，主龙骨端部的吊杆应保证主龙骨悬挑长度不大于300mm，否则应增长吊杆。

4) 吊顶上的灯具、风口、检修口和其他设备，应设独立吊杆安装，不得固定在龙骨吊杆上。

3. 安装边龙骨

边龙骨、沿墙龙骨按大样图的要求和弹好的吊顶标高控制线进行安装，安装时边龙骨用水泥钉或螺钉固定牢固，边龙骨的底面必须与吊顶标高线保持水平，当固定在混凝土墙（柱）上时，可用水泥钉固定，或用电锤打眼，打入木楔，再用螺钉固定在木楔上；固定点间距一般为300～600mm，以防止发生变形。

4. 安装U型主龙骨

1) 根据吊顶面积，将吊顶平均分为若干份，再确定出主龙骨位置线（用墨斗线弹于楼层底面），主龙骨间距900～1000mm，一般宜平行于房间长向布置。主龙骨端部悬挑应不大于300mm，否则应增加吊杆。每段主龙骨的吊挂点不得少于6处，相邻两根U型主龙骨的接头要相邻错开，不得放在同一吊杆档内。吊杆下端吊挂件，以吊环的形式吊挂U型主龙骨。

2) 吊顶大于10m²时，有造型部分应形成自己独立的框架，主龙骨安装完成后，应对龙骨进行一次调平，并注意调好拱度。

5. 安装T型次龙骨

根据主龙骨位置确定次龙骨范围，在范围内根据装饰板规格，均匀分为若干份（装饰板规格：600mm×600mm，600mm×1200mm，300mm×300mm等）。T型龙骨的接头要相互错开，不得出现在同一档内。主、次龙骨之间以吊挂件吊挂的形式连接。饰面板安装在T型龙骨上面，每个档内要安装撑档T型龙骨。撑档龙骨间距根据饰面板规格而定。最后调整T型龙骨，使其间距均

匀，平整一致。再拉通线进行一次整体调平、调直，在T型龙骨架下面拉十字交叉线以检查吊顶骨架的平整度，如不平整不方正则应调整，并注意调好起拱度。起拱高度按设计要求，设计无要求时，一般为房间短向跨度的3‰～5‰（图2-4-3）。

图2-4-3 安装T型次龙骨

6. 安装饰面板

根据饰面板规格大小，从房间短向开始放置饰面板，依次一行一行地从上而下放于T型龙骨上。放置一块饰面板后，检查撑档T型龙骨是否与T型龙骨接好，撑档龙骨插入T型龙骨缺口位置，保证牢固、顺直，防止饰面板掉落。饰面板四周必须与龙骨紧密相贴，不能因翘曲留下可见缝。在装饰周边要裁剪非整块饰面板时，必须在沿边龙骨处开"L"形切口，这样保证饰面板安装后同其余饰面板在同一标高平面上（图2-4-4）。

图2-4-4 安装饰面板

（三）施工质量通病与防治

质量通病：T型龙骨不平整。

1. 原因

选用材料不配套，或加工时粗心，没有符合要求。

2. 防治方法

1) 安装主、次龙骨后拉通线检查是否正确、平整，然后一边安装饰面板，一边调平，满足板面平整度要求。

2) 使用专用机具和专用配套材料，或在板材边界处安装挂架，减少原始误差和装配误差，以保证拼板平整、顺直。

（四）质量标准

1. 主控项目

1) 吊顶标高、尺寸、起拱和造型应符合设计要求。

2) 饰面板材料的材质、品种、规格、图案和颜色应符合设计要求。

检查方法：观察，检验隐蔽工程验收记录和施工记录。

3) 吊杆、龙骨和饰面板材料的安装必须牢固。

检验方法：观察，检查产品合格证书、性能检测报告、出厂验收记录和复验记录。

4) 吊杆、龙骨的材质、规格、安装间距及连接方式应符合设计要求。金属吊杆、龙骨应经过表面防腐防锈处理。

检验方法：观察，尺量检查，检查产品合格证书、性能检测报告、进场验收记录和隐蔽工程验收记录。

2．一般项目

1）饰面板材料表面应洁净、色泽一致，不得有翘曲、裂缝及缺损，压条应平直，宽窄一致。

检验方法：观察，尺量检查。

2）饰面板上的灯具、烟感器、风口箅子等设备位置应合理美观，与饰面板的交接应吻合、严密。

检验方法：观察。

3）金属吊杆、龙骨的接缝应均匀一致。角缝应吻合，平整严密，无翘曲，无透缝，无变形。

检验方法：检查隐蔽工程验收记录和施工记录。

4）吊顶内填充吸声材料的品种和铺设厚度应符合设计要求，并应有防散落措施。

检验方法：检查隐蔽工程验收记录和施工记录。

5）龙骨吊顶工程安装允许偏差和检验方法见表2-4-1。

（五）成品保护

1．饰面板及其他材料进场后，应存入库房并码放整齐，上面不得放置重物。露天存放必须进行遮盖。保证各种材料不受潮、不霉变、不变形。

2．骨架及饰面板安装时，应该注意保护顶棚内的各种管线及设备，吊杆、龙骨及饰面板不准固定在其他设备上。

3．吊顶施工时，对已施工完毕的地面、墙面、门窗、窗台等必须进行保护，防止污染损坏。

4．饰面板安装时，作业人员应戴干净的线手套，以防污染，并拉5m线检查。花型方向要一致。

（六）应注意的质量问题

1．严格按弹好的水平和位置线安装四边的边龙骨，龙骨受力点应按要求用专用件组装连接牢固，保证骨架的整体高度。各龙骨的规格应符合设计要求，纵横方向起拱均匀，互相适应。用吊杆螺栓调整骨架的起拱度，金属龙骨严禁有硬弯，以确保吊顶骨架安装牢固、平整。

2．施工前弹出吊杆水平控制线。龙骨安装完成后，应拉通线调整高低，使整个底面平整，中间起拱高度应符合要求，主、次龙骨接长时应采用专用对接件。撑档T型龙骨与T型龙骨垂直对接时，可在T型龙骨上打出长方孔，两长方孔的间隔距离为分格尺寸，安装前在撑档T型龙骨上剪出连接耳，安装撑档T型龙骨时只要将其插入T型龙骨的长方孔，再弯成90°即可，每个孔内可插入两个连接耳。吊件应安装牢固，各吊杆受力一致。不得出现松弛、弯曲、歪斜现象。龙骨分档尺寸必须符合设计要求和饰面板的模数。饰面板安装后应调平。

3．饰面板安装前应逐块检查，边角必须规整，尺寸应一致，安装有花型图案饰面板时，应注意方向一致、花型图案统一。T型龙骨底面均匀一致、平顺、线条整齐、密合。

4．预留的各种孔洞（灯具通风口等）处，其构造应按规范图集要求设置龙骨及连接件。避免孔洞周围发生变形或产生缝隙。

5．吊杆、龙骨应固定在主体结构上，不得吊挂在顶棚内的各种管线、设备上，吊杆螺母调整好标高后必须拧紧固定。龙骨之间的连接必须牢固可靠，以免造成龙骨变形，使顶板不平、开裂。

6．各专业工作应与装饰工种密切配合施工，施工前先确定方案，按合理工序施工，各孔洞应先放好线后再开洞，预留洞口需保证准确，吊顶与设备衔接严密。

（七）质量记录

参见各地具体要求，如各地建筑工程质量施工验收相关规范及实施指南等。

（八）安全环保措施

1．安全操作要求

1）施工中使用的电动工具及电气设备，均符合国家现行标准《施工现场临时用电安全技术规范》JGJ 46—2005规定。

2）施工中使用的各种架子搭设应符合安全规定，并经安全部门检查合格，铺板不得有探头板和飞挑板，采用高凳上铺脚手架板时，密度不得少于两块，脚手板宽500mm间距不得大于20mm，移动高凳时上面不得站人，工作人员最多不得超过2人。高度超过1m时，应由架子工搭设脚手架。

3）在高处作业时，上面的材料码放必须平稳可靠，工具不得乱放，应放入工具袋内。工人进入施工现场应戴安全帽，2m以上作业必须系安全带并穿防滑鞋。

4）电气焊工应持证上岗并配备防护用具，使用电气焊等明火作业时，应清除周围及焊渣溅落区的可燃物，并设专人监护。

2．环保措施

1）施工前用的各种材料应符合现行国家标准《民用建筑工程室内污染环境控制范围》GB 50325—2010（2013年版）的规定。工程所使用的胶合板、玻璃胶、防腐材料、防火涂料应有正规的环保监测报告。

2）施工现场垃圾不得随意丢弃，必须做到工完场清，清扫时应洒水，不得扬尘。

3）施工空间应尽量封闭，以防止噪声污染、扰民。

4）废弃物应按环保要求分类堆放，并及时清运。

纸面石膏板轻钢龙骨吊顶，图2-4-5。

图2-4-5　纸面石膏板
轻钢龙骨吊顶

二、（子任务二）纸面石膏板轻钢龙骨吊顶施工

（一）施工准备

1. 依据

《建筑装饰装修工程质量验收标准》GB 50210—2018、建筑地面施工质量验收规范》GB 50209—2010和《木结构工程施工质量验收规范》GB 50206—2012。

2. 技术要点分析

吊顶龙骨的定位安装、饰面板收口、不同面层的安装处理方法。

3. 操作准备（技术、材料、设备、场地等）

1）技术准备

（1）熟练施工图纸及设计说明，对房间的净高、各种洞口标高和吊顶内的管道、设备的标高进行校核，发现问题及时向设计单位汇报，并办理洽商变更手续，把各专业设备安装间的矛盾解决在施工前。

（2）根据设计图纸、吊顶高度和现场实际尺寸进行排板，对主龙骨、次龙骨等深入设计，绘制大样图，办理委托加工。

（3）根据施工图中吊顶标高要求和现场实际尺寸对吊杆进行翻样并委托加工。

（4）绘制施工方案并经审批。

（5）施工前先做样板间（段），经现场监理、建设单位检验合格并签字确认。

（6）对操作人员进行安全技术交底。

2）材料要求

带丝吊筋、轻钢龙骨主龙骨、次龙骨、边龙骨、木龙骨（20mm×40mm）、石膏板、钢排钉、自攻螺钉、气钉、石膏粉、滑石粉、901胶、接缝带、砂纸、乳胶漆等，各种材料必须符合国家现行标准的有关规定，应有出厂质量合格证、性能及环保检测报告等质量证明文件，人造板材应有甲醛含量检测或复检报告。应对其游离甲醛含量进行复检，并符合现行国家标准，《室内装饰装修材料 人造板及其制品中甲醛释放限量》GB 18580—2017的规定。

（1）轻钢龙骨主龙骨、次龙骨、边龙骨：规格、材质应符合设计要求和现行国家标准的有关规定。

（2）饰面板：按设计要求选用饰面板的品种，主要有石膏板、纤维水泥压力板、金属扣板、矿棉板、铝塑板、格栅等。

（3）辅料：吊筋、轻钢龙骨专用挂件、膨胀螺栓、螺帽、连接件等附件、角码、自攻螺钉、钢排钉、气钉等应符合质量设计要求并进行应有的防腐防锈处理。

3）主要机具

（1）机具

激光标线仪、手提式电动圆锯切割机、气泵、冲击电钻、手枪钻、电焊机、角磨机等。

（2）工具

钢排钉、气枪钉、码钉枪、蚊钉枪、铆钉枪、手锯、手刨、钳子、扳手、工程线、壁纸刀等。

（3）计量测量用具

水准仪、钢卷尺、墨斗、靠尺、水平尺、楔形塞尺、线坠等。

（4）安全防护用品

安全帽、安全带、电焊面罩、电焊手套、工程手套、防尘口罩、眼镜罩等。

4）作业条件

（1）施工前应按设计要求对房间的层高、门窗洞口标高和吊顶内的管道、设备机器支架的标高进行测量检查，并办理交接记录。

（2）各种材料配套齐全，已进场，并进行检测或复验。

（3）室内墙面施工作业已基本完成，条件允许吊顶施工。

（4）吊顶内的管道和设备安装已调试完成，并检验合格，办理交接手续。

（5）轻钢龙骨质量合格，已作防锈处理，木龙骨已作防火处理，与结构直接接触部分已作防腐处理。

（6）室内环境应干燥、通风良好，吊顶内四周墙面的各种孔洞已封堵处理完毕。

（7）施工所需脚手架已搭设完备，并经检验合格。

（8）施工现场所需的临时用水、用电、各种机具准备就绪。

（二）主要施工方法与操作工艺

1．工艺流程

测量放线、确定吊顶标高→固定吊杆→安装边龙骨→安装主龙骨、调平→安装龙骨、调平→安装纸面石膏板→安装压条、收口条（图2-4-6）。

2．施工工艺及要点

1）测量放线、确定吊顶标高

（1）弹出吊顶标高线

利用红外线水平仪在垂直方向墙面上找到水平标高线，用卷尺量出顶棚的设计标高（设计标高由设计方案给出），按标高控制水准线在房间内每个墙（柱）上算出高程控制点，（墙体较长时，控制点间距宜3～5m设一点），然后用墨斗沿墙（柱）弹出吊顶标高控制线。按吊顶龙骨排列图，在顶棚上弹出主龙骨的位置线和嵌入式设备外形尺寸线（中央空调、消防设备、通风系统等），并在主龙骨的位置线上用十字线标出固定吊筋吊杆的位

图 2-4-6　安装压条、收口条

置，吊筋、吊顶间距应为800~1000mm，距主龙骨端头应不大于300mm，均匀分布。若遇较大设备或通风管道，吊杆间距可相应调大，吊杆间距大于1600mm时，应采用型钢扁担来满足吊杆间距，承担吊顶负重。

（2）放出设备位置线

按施工图上的位置和设备的实际尺寸、安装形式，将吊顶上的所有大型设备、灯具、电扇等的外形尺寸和位置，吊杆的安装位置，用墨斗弹于顶棚上。

（3）弹出吊顶造型位置线（顶棚上）。

2）固定吊杆

通常用冷拔钢筋或盘圆钢筋做吊杆，使用盘圆钢筋时应用机械先将其拉直，然后按吊顶所需的吊杆长度下料，断好的吊筋一端用螺帽固定胀管，另一端拧一个螺帽以便固定主龙骨挂件。根据吊顶设计要求，确定出吊顶高度，将吊筋按吊顶高度裁取，将吊筋按所确定的位置用膨胀管固定于楼板地面，拉十字中心线固定在吊顶标高基准线上，以检测吊杆安装是否水平。

不上人吊顶，吊筋长度小于1000mm时，吊筋直径不小于6mm；吊筋长度大于1000mm时，直径不小于10mm。上人的吊顶，吊筋长度小于1000mm时，直径不小于8mm；吊筋长度大于1000mm时，直径不小于10mm。吊型钢扁担的吊杆，当扁担承担6根以上吊筋时，直径应适当增大，当吊杆长度大于1500mm时，还必须设置反向支撑杆。制作好的金属吊筋、吊杆应作防锈处理。

吊筋用冲击电锤打孔后，用膨胀螺栓固定到楼板上。吊筋应通直并有足够的承载度。在埋件上安装吊筋和吊筋接长时，宜采用焊接并连接牢固，主龙骨端部的吊筋应使主龙骨悬挑不大于300mm，否则应增加吊筋（图2-4-7）。

图2-4-7 固定吊杆

吊顶上的灯具、风口、检测口和其他设备，应设独立吊杆安装，不得固定在龙骨吊杆上。

3）安装边龙骨

边龙骨沿墙龙骨应按大样图的要求和弹好的吊顶标高控制线进行安装。安装时把边龙骨用木龙骨卡入，边龙骨用钢排钉或用自攻螺钉固定；在已预埋的木楔上（木楔、木砖须经防腐处理），边龙骨的底面必须与吊顶标高线保持水平。固定在混凝土墙（柱）上时，可直接用钢钉压木龙骨固定，木龙骨固定点间距应不大于次龙骨间距，一般为400mm，以防止发生变形。

4）安装主龙骨、调平

根据吊顶面积，先将吊顶平均分为若干份，然后确定主龙骨位置线（用墨斗弹于楼板面），最后在主龙骨中线十字线处打孔。用膨胀螺钉固定吊筋，连接主龙骨，主龙骨安装间距为800~1000mm，一般宜平行于房间长向布置。

主龙骨端部悬挑应不大于300mm，否则应增加吊杆，每段主龙骨的吊挂点不得少于6处，相邻两根主龙骨的接头要相互错开，不得放在同一个吊杆档内。吊顶跨度大于15m时，主龙骨间隙控制在800mm以内。有较大造型的顶棚，造型部分应形成自己单独的框架，用吊杆直接与顶板进行吊挂连接。

重型灯具、吊扇及其他专业设备严禁直接安装在吊顶龙骨上，主龙骨安装完成后，应对其进行一次性调平，并注意调节好起拱。

5）安装次龙骨、调平

根据主龙骨位置确定次龙骨范围，在此范围内根据吊顶面积将吊顶平均分为若干份，然后确定次龙骨位置线，将次龙骨卡在主龙骨卡槽（或用挂件固定在U型主龙骨上）；安装次龙骨时，检查是否和主龙骨卡槽卡平、卡紧（注：用挂件固定的次龙骨则检查是否和主龙骨挂平、挂紧）。

次龙骨须接长时，可利用次龙骨的大小头对接相连，检查接口完全嵌入，确保牢固平整。相邻的两根次龙骨的接头要相互错开，不得放在两根主龙骨的同一档内，次龙骨之间间隙宜为300～400mm，并且间距均匀，平整一致，并在墙上标出次龙骨中心位置线，以免安装饰面板时找不到次龙骨。

各种洞口周围应设附加龙骨和吊杆，附加龙骨应接到次龙骨上。

次龙骨安装完成后，应拉通线进行一次整体调平、调直。在吊顶龙骨架下面拉十字交叉线以检查吊顶龙骨架的整体平整度，如有不平整则应调整，并注意调好起拱度。起拱高度按设计要求，设计无要求时一般为房间短向跨度的3%～5%。

6）安装纸面石膏板

按照吊顶面积裁出石膏板的大小，在与吊顶四个角重合的地方确定纸面石膏板的安装位置，用自攻螺钉将石膏板与吊顶龙骨架固定，固定时应按由中间向四边的铺钉顺序，纸面石膏板材应在自由状态下安装固定，每块板均应从中间向四周放射状固定，不得从四周多点同时进行固定，以防止出现弯板、凸鼓现象，通常整块纸面石膏板的长边应沿次龙骨铺设方向安装，自攻螺钉距板材的未切割边10～15mm，距切割边为15～20mm，板周边钉间距为150～170mm，板中间距不大于250mm。钉应与板面垂直，不得有弯曲、倾斜、变形现象，自攻螺钉头宜低于板面，但不得损坏纸面。钉帽应作防锈处理，石膏板接口要倒45°斜边，相接处呈V字状，并留3～5mm的间隙，便于填补石膏，防止接缝开裂，造型吊顶于90°拐角处时，要用整板套割的方法进行安装，避免后期裂缝。双层石膏板安装时，两层板的接缝不得放在同一根龙骨上，应相互错开（图2-4-8）。

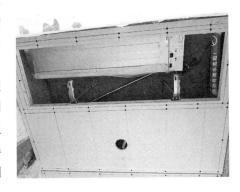

图2-4-8　安装纸面石膏板

7）安装压条、收口条

各种饰面板吊顶与四周墙面的交接部位，应按设计要求或采用与饰面板材质适应的扣边、阴角或收口条收边。收边用石膏线时，石膏粉和成糊状，粘贴在需要收边的部位，收边条、装饰线条要安装平整牢固，间距太大或太重时可用气钉和自攻螺钉固定。其他轻质的收边、收口条可用胶黏剂粘贴，但必须保证安装牢固可靠，平整顺直。

（三）施工质量通病与防治

质量通病：次龙骨未平整。

1. 原因

选用材料不配套，或加工安装粗心，没有符合要求。

2. 防治方法

安装次龙骨后拉通线检查是否正确平整，安装完成后，用靠尺复验确保平整后，再安装石膏板。

材料采购时要用专用配套的系列轻钢龙骨、加工材料，安装时要用专用机具裁切吊顶材料，减少原始误差和配装误差，以保证整体骨架平整，并细心处理接缝不平整要素。

（四）质量标准

1. 主控项目

1）吊顶标高尺寸、起拱和造型应符合设计要求。

检验方法：观察、尺量检查。

2）饰面材料的材质、品种、规格、图案和颜色应符合设计要求。

检验方法：观察、尺量检查，检查产品合格证书、性能检测报告、进场验收记录和隐蔽工程验收记录。

3）吊筋、龙骨和材料的安装必须牢固。

检验方法：观察、尺量检查，检查产品合格证书、性能检测报告、进场验收记录和隐蔽工程验收记录。

4）吊杆、龙骨的材质、规格、安装间距及连接方式应符合设计要求，金属吊杆、龙骨应经过表面防腐或防锈处理，木龙骨应进行防腐防火处理。

检验方法：观察、尺量检查，检查产品合格证书、性能检测报告、进场验收记录和隐蔽工程验收记录。

5）石膏板的接缝应按其施工工艺标准进行倒V字口，留3~5mm缝隙的板缝便于进行裂缝处理。安装双层石膏板时，面板层与基层板的接缝应错开，并不得在同一根龙骨上接缝。

检验方法：观察、尺量检查。

2. 一般项目

1）饰面材料表面应洁净，色泽一致，不得有翘曲。裂缝无缺损，压条应平直、宽窄一致。

检验方法：观察、尺量检查。

饰面板上的灯具、烟感器、喷淋头、风口等设备的位置，应合理美观，与饰面板的交接应吻合严密。

2）金属吊杆、龙骨间距均匀、平整、牢固、点位准确，无损伤变形，龙骨要调平顺直。

检验方法：检查隐蔽工程验收记录和施工记录。

3）吊顶内填充吸声材料的品种和铺设厚度应符合设计要求，并应有防散落措施。

检验方法：检查隐蔽工程验收记录和施工记录。

4）轻钢龙骨吊顶施工安装允许偏差和检验方法见表2-4-1。

（五）成品保护

1. 骨架、饰面板及其他材料进场后，应存入库房内码放整齐，上面不得放置重物，露天存放必须进行遮盖，保证各种材料不受潮，不霉变，不变形。

2. 骨架及饰面安装时，应注意保护顶棚内的各种管线及设备，吊杆、龙骨及饰面板不准固定在其他设备及管道上。

3. 吊顶施工时，对已施工完毕的地面、墙面和门、窗、窗台必须进行保护，防止污染损坏。

4. 不上人吊顶的骨架安装后，不得上人踩踏，其他悬挂件或重物严禁安装在吊顶龙骨架上。

5. 安装饰面板时，作业人须戴干净的手套，以防污染，并拉5m线检查。

（六）应注意的质量问题

1. 严格按弹好的水平和位置控制线安装边龙骨，受力点应按要求用专用件组装并连接牢固，保证骨架的整体刚度。龙骨的规格、尺寸应符合设计要求，纵横方向起拱均匀、互相适应。可用吊杆螺栓调整龙骨的起拱度，轻钢龙骨严禁有硬弯，以确保吊顶骨架安装牢固、平整。

2. 施工前准确弹出吊顶水平控制线，龙骨安装完成后，应拉通线调整高度，便整个底面平整，中间起拱度符合要求。主、副龙骨接长时应采用专用件对接，或利用大小头对接。相邻龙骨的接头要错开，吊件安装必须牢固，各吊杆的受力应一致，不得有弯曲松弛、歪斜现象。副龙骨分隔尺寸必须符合设计要求和饰面板的模数（副龙骨间距400mm）。安装纸面石膏板的螺钉时，不得出现松紧不一致的现象，螺钉间距150～200mm。纸面石膏板安装前应调平、裁方，龙骨安装完，应检验合格后再安装纸面石膏板，以确保吊顶面层的平整度。

3. 纸面石膏板安装前应逐块检验，边角必须规整，尺寸应一致，安装时应拉纵横通线进行钉装，以保证接缝均匀一致、平顺光滑，线条整齐、密合。

4. 轻钢龙骨预设的各种孔洞（灯具口、通风口等）处，应按规范图集要求设置龙骨及连接件，避免孔洞周围出现变形和裂缝。

5. 吊杆、龙骨应固定在主体结构上，不得吊挂在顶棚内的各种管线设备上，吊杆螺母调整好标高后必须固定拧紧，轻钢龙骨之间的连接必须紧固牢靠，以避免造成龙骨变形或顶板不平、开裂。

6. 纸面石膏板在下料切割时，应控制好切割角度，切口的毛花、崩边应修整平直，避免出现接缝明显，接口露白花，接缝不平、不均匀等问题。

7. 各专业工种应与装饰工种密切配合施工，施工前确定方案。按合理工序施工，各孔洞先放好线再开洞，以保证位置准确，吊顶与设备衔接吻合严密。

（七）质量记录

参见各地具体要求，例如各地建筑工程施工质量验收相关规范与实施指南等。

（八）安全环保措施

1. 安全操作要求

1）施工中使用的电动工具及电气设备，均应符合国家现行标准《施工现场临时用电安全技术规范》JGJ 46—2005的规定。

2）施工中使用的各种架子搭设应符合安全规定，并经安全部门检查合格，铺板不得有探头板和飞挑板，采用高凳上铺脚手架时，宽度不少于两块脚板（宽500mm），间距不得大于2cm，移动高凳时上面不得站人，作业人员最多不得超过两人。高度超高时，应由架子工搭设脚手架。

3）在高处作业时，上面的材料码放必须平稳可靠，工具不得乱放，应放入工具袋内，工人进入施工现场应戴安全帽，2m以上作业必须系安全带，并穿防滑鞋，确保安全施工。

4）电气焊工应持证上岗，并配备防护用具，在电气焊等明火作业时，应清除周围及焊渣溅落的可燃物，并设专人监护。

2. 环保措施

1）施工用的各种材料应符合现行国家标准《民用建筑工程室内环境污染控制规范》GB 50325—2010（2013年版）的规定。工程所使用的胶合板、玻璃胶、防腐材料、防火材料应有正规的环保检测报告。

2）施工现场垃圾不得随意丢弃，必须做到工完场清，清扫时应洒水，不得扬尘。

3）施工空间应尽量封闭，以防止噪声污染、扰民。

4）废弃物应按环保要求分类堆放，并及时清运。

纸面石膏板木龙骨吊顶也是家装常见的施工工艺，但必须对木龙骨作防火处理（图2-4-9）。

图2-4-9 纸面石膏板木龙骨吊顶

三、（子任务三）纸面石膏板木龙骨吊顶施工

（一）施工准备

1. 依据

装饰施工依据：《建筑装饰装修工程质量验收标准》GB 50210—2018、《建筑地面工程施工质量验收规范》GB 50209—2010、《木结构工程施工质量验收

规范》GB 50206—2012。

2. 技术要点概况分析

吊顶龙骨的定位安装、面层板的收口、不同面层的安装处理方法。

3. 操作准备（技术、材料、设备、场地等）

1）技术准备

（1）熟悉施工图纸及设计说明，对房间的净高、各种洞口标高和吊顶内的管道、设备的标高进行校核。发现问题及时向设计单位提出，并办理洽商变更手续，把各专业设备安装间的矛盾解决在施工之前。

（2）根据设计图纸、吊顶高度和现场实际尺寸进行排板、排龙骨等深入设计，绘制大样图，办理委托加工。

（3）根据施工图中吊顶标高要求和现场实际尺寸，对吊杆进行翻样并委托加工。

（4）编制施工方案并经审批。

（5）施工前先做样板间（段），经现场监理、建设单位检验合格并签字确认。

（6）对操作人员进行安全技术交底。

2）材料要求

带栓吊筋、木龙骨30mm×40mm、石膏板、腻子、乳胶漆、玻璃、接缝带、滑石粉、石膏粉、胶等。各种材料必须符合国家现行标准的有关规定，应有出厂质量合格证、性能及环保检测报告等质量证明文件。人造板材应有甲醛含量检测（或复验）报告，应对其游离甲醛含量或释放量进行复验，并应符合现行国家标准《室内装饰装修材料 人造板及其制品中甲醛释放限量》GB 18580—2017的规定。

（1）木龙骨：主、次龙骨的规格、材质应符合设计要求和现行国家标准的有关规定，含水率不得大于12%，使用前必须作防腐、防火处理。

（2）饰面板：按设计要求选用饰面板的品种，主要有石膏板、纤维水泥加压板、金属扣板、矿棉板、胶合板、铝塑板、格栅等。

（3）辅材：龙骨专用吊挂件、连接件、插接件等附件，吊杆、膨胀螺栓、钉子、自攻螺钉、角码等应符合设计要求并进行防腐处理。

3）主要机具

（1）机具：激光标线仪、手提式电动圆锯、气泵、电刨、无齿锯、手枪钻、冲击电锤、电焊机、角磨机等。

（2）工具：蚊钉枪、钢排枪、码钉枪、气钉枪、拉铆枪、射钉枪、手锯、手刨、钳子、扳手、灰刀、螺钉旋具等。

（3）计量检测用具：墨斗、水准仪、靠尺、钢卷尺、水平尺、楔形塞尺、线坠等。

（4）安全防护用品：安全帽、安全带、电焊面罩、电焊手套等。

4）作业条件

（1）施工前应按设计要求对房间的层高、门窗洞口标高和吊顶内的管道、设备及其支架的标高进行测量检查，并办理交接记录。

（2）各种材料配套齐全，已进场，并进行了检测或复验。

（3）室内墙面施工作业已基本完成，只剩最后一道涂料。地面湿作业已完成，并经检验合格。

（4）吊顶内的管道和设备安装已调试完成，并经检验合格，办理完交接手续。

（5）木龙骨已作防火处理，与结构直接接触部分已作防腐处理。

（6）室内环境应干燥，通风良好。吊顶内四周墙面的各种孔洞已封堵处理完毕。抹灰已干燥。

（7）施工所需的脚手架已搭设好，并经检验合格。

（8）施工现场所需的临时用水、用电、各工种机具准备就绪。

（二）主要施工方法与操作工艺

1. 工艺流程

测量放线→固定吊杆→安装边龙骨→安装主龙骨→安装次龙骨→安装纸面石膏板→安装压条、收口条。

2. 施工工艺及要点

1）测量放线（图2-4-10）

（1）弹出吊顶标高线：利用红外线放线仪在垂直方向墙面上找到水平标高线，用卷尺量出顶棚的设计标高（设计标高由设计方案给出），按标高控制水准线在房间内每个墙（柱）上算出高程控制点（墙体较长时，控制点宜3～5m设一点），然后用墨线沿墙（柱）弹出吊顶标高控制线。

图2-4-10 放线

按吊顶龙骨排列图，在顶棚上弹出主龙骨的位置线和嵌入式设备外形尺寸线。主龙骨间距一般为900～1000mm，均匀布置，排列时应尽量避开嵌入式设备位置，并在主龙骨的位置线上用十字线标出固定吊杆的位置。吊杆间距应为900～1000mm，距主龙骨端头应不大于300mm，均匀布置。若遇较大设备或通风管道，吊杆间距大于1600mm时，宜采用型钢扁担来满足吊杆间距。

（2）放设备位置线：按施工图上的位置和设备的实际尺寸、安装形式，将吊顶上的所有大型设备、灯具、电扇等的外形尺寸和吊具、吊杆的安装位置，用墨线弹于顶棚上。

（3）弹出吊顶造型位置线（顶棚上）。

2）固定吊杆

通常用冷拔钢筋或盘圆钢筋做吊杆，使用盘圆钢筋时，应用机械先将其拉直，然后按吊顶所需的吊杆长度下料。断好的钢筋一端焊接 ∟30×30×3角码（角码另一边打孔，其孔径按固定吊杆的膨胀螺栓直径确定），另一端套出长度大于100mm的螺纹（也可用全丝螺杆作吊杆）。根据吊顶设计确定出吊顶高度，将吊杆按吊顶高度裁取然后将吊杆按所确定的位置固定于楼板底面（也可利用螺栓），再拉十字中心线固定在边龙骨上，以检测吊杆的安装是否水平。

不上人吊顶，吊杆长度小于1000mm时，直径宜不小于6mm；吊杆长度大于1000mm时，直径宜不小于10mm。上人的吊顶，吊杆长度小于1000mm时，直径应不小于8mm；吊杆长度大于1000mm时，直径应不小于10mm。吊型钢扁担的吊杆，当扁担承担6根以上吊杆时，直径应适当增加。当吊杆长度大于1500mm时，还必须设置反向支撑杆。制作好的金属吊杆应作防腐处理。

吊杆用冲击电锤打孔后，用膨胀螺栓固定到楼板上。吊杆应通直并有足够的承载力。在埋件上安装吊杆和吊杆接长时，宜采用焊接并连接牢固。主龙骨端部的吊杆应使主龙骨悬挑长度不大于300mm，否则应增加吊杆。

吊顶上的灯具、风口、检修口和其他设备，应设独立吊杆安装，不得固定在龙骨吊杆上。

3）安装边龙骨

边龙骨、沿墙龙骨应按大样图的要求和弹好的吊顶标高控制线进行安装。安装时把边龙骨的靠墙侧涂刷胶黏剂后，用水泥钉或螺钉固定在已预埋好的木砖或木楔上（木砖、木楔须经防腐处理）。木龙骨的底面必须与吊顶标高线保持水平。固定在混凝土墙（柱）上时，可直接用水泥钉固定。固定点间距应不大于吊顶次龙骨的间距，一般为300～600mm，以防止发生变形。

4）安装主龙骨（图2-4-11）

根据吊顶面积将吊顶平均分为若干份，然后确定主龙骨位置线（用墨斗线弹于楼板底面），再在主龙骨中线处打孔，带栓吊筋穿过该孔利用螺母将主龙骨和吊杆连接。木质主龙骨通常分不上人（30mm×40mm）和上人两种。安装时，吊杆中心应在主龙

图2-4-11 固定主龙骨

骨中心线上。主龙骨安装间距为900～1000mm，一般宜平行于房间长向布置。主龙骨端部悬挑应不大于300mm，否则应增加吊杆。每段主龙骨的吊挂点不得少于6处，相邻两根主龙骨的接头要相互错开，不得放在同一吊杆档内。木质主龙骨安装时，将预埋钢筋端头弯成圆钩，用8号镀锌钢丝与主龙骨绑牢，或用φ6mm、φ8mm吊杆，先将木龙骨钻孔，再将吊杆穿入木龙骨锁紧固定。

吊顶跨度大于15m时，应在主龙骨上每隔15m范围内，垂直主龙骨加装一道大龙骨，连接牢固。有较大造型的顶棚，造型部分应形成自己的框架，用吊杆直接与顶板进行吊挂连接。重型灯具、吊扇及其他专业设备严禁直接安装在吊顶龙骨上。主龙骨安装完成后，应对其进行一次调平，并注意调好起拱度。

5）安装次龙骨

根据主龙骨位置确定次龙骨范围，在其范围内根据吊顶面积将吊顶平均分为若干份，然后确定出次龙骨位置线（用墨斗线弹于主龙骨底面），再用排钉枪固定在主龙骨上。

次龙骨必须对接，不得有搭接。一般次龙骨间距不大于600mm，潮湿或

重要场所，次龙骨间距宜为300~400mm。次龙骨的靠墙一端应放在边龙骨的水平翼缘上，次龙骨需接长时，可使用木方连接件进行连接固定。每段次龙骨与主龙骨的固定点不得少于6处，相邻两根次龙骨的接头要相互错开，不得放在两根主龙骨的同一档内。次龙骨安装完后，若饰面板在次龙骨下面安装，还应安装撑挡龙骨，通常撑挡龙骨间距不大于1000mm，最后调整次龙骨，使其间距均匀、平整一致，并在墙上标出次龙骨中心位置线，以防安装饰面板时找不到次龙骨。

木质主、次龙骨间的连接也可采用小吊杆连接，小吊杆钉在龙骨侧面时，相邻吊杆不得钉在龙骨的同一侧，必须相互错开。次龙骨接头应相互错开，采用双面夹板用圆钉错位钉牢，接头两侧最少各钉两个钉子。木质龙骨安装完后，必须进行防腐、防火处理。

各种洞口周围应设附加龙骨和吊杆，附加龙骨钉接固定到主、次龙骨上。

次龙骨安装完后应拉通线进行一次整体调平、调直，在吊顶龙骨架下面拉十字交叉线以检查吊顶龙骨架的平整度，如不平整则应调整，并注意调好起拱度。起拱高度按设计要求，设计无要求时一般为房间短向跨度的3‰~5‰。

6）安装纸面石膏板（图2-4-12）

按照吊顶面积裁出石膏板的大小，在与吊顶四个角重合的地方确定纸面石膏板安装位置，用自攻螺钉将纸面石膏板与吊顶龙骨架固定，固定时应按由中间向四边的顺序铺钉。纸面石膏板材应在自由状态下安装固定。每块板均

图2-4-12　安装纸面石膏板

应从中间向四周放射状固定，不得从四周多点同时进行固定，以防出现弯棱、凸鼓的现象。通常整块纸面石膏板的长边应沿次龙骨铺设方向安装。自攻螺钉距板的未切割边为10~15mm，距切割边为15~20mm。板周边钉间距为150~170mm，板中钉间距不大于250mm。钉应与板面垂直，不得有弯曲、倾斜、变形现象。自攻螺钉头宜略低于板面，但不得损坏纸面。钉帽应作防锈处理，后用石膏腻子抹平。将滑石粉与石膏粉按1∶2的比例加入七彩胶和水均匀搅拌，用腻子刀将搅拌好的腻子补平，钉眼和石膏板接缝按同一方向刮压，将多余腻子挤出并刮平，板的接缝处贴穿孔纸带（纸带表面批腻子，干后打磨平整）。双层石膏板安装时，两层板的接缝不得放在同一根龙骨上，应相互错开。

7）安装压条、收口条

各种饰面板吊顶与四周墙面的交接部位，应按设计要求或采用与饰面板材质相适应的收边条、阴角线或收口条收边。收边用石膏线时，必须在四周墙（柱）上预埋木砖，再用螺钉固定，固定螺钉间距宜不大于600mm。其他轻质收边、收口条可用胶黏剂粘贴，但必须保证安装牢固可靠、平整顺直。

（三）施工质量通病与防治

质量通病：纸面石膏板吊顶接缝处不平整。

1. 原因

次龙骨未平整，选用材料不配套，或在加工时粗心，没有符合要求。

2. 防治方法

1）安装主、次龙骨后拉通线检查是否正确、平整，然后一边安装纸面石膏板一边调平，满足板面平整度要求。

2）应使用专用机具和专用配套材料，或在板材交界处再加木龙骨，减少原始误差和装配误差，以保证拼板处平整。

（四）质量标准

1. 主控项目

1）吊顶标高、尺寸、起拱和造型应符合设计要求。

检验方法：观察、尺量检查。

2）饰面材料的材质、品种、规格、图案和颜色应符合设计要求。

检验方法：观察，检查产品合格证书、性能检测报告、进场验收记录和复验报告。

3）吊杆、龙骨和饰面材料的安装必须牢固。

检验方法：观察、手扳检查，检查隐蔽工程验收记录和施工记录。

4）吊杆、龙骨的材质、规格、安装间距及连接方式应符合设计要求。金属吊杆、龙骨应经过表面防腐或防锈处理，木吊杆、龙骨应进行防腐、防火处理。

检验方法：观察、尺量检查，检查产品合格证书、性能检测报告、进场验收记录和隐蔽工程验收记录。

5）石膏板的接缝应按其施工工艺标准进行板缝防裂处理。安装双层石膏板时，面层板与基层板的接缝应错开，不得在同一根龙骨上接缝。

检验方法：观察。

2. 一般项目

1）饰面材料表面应洁净、色泽一致，不得有翘曲、裂缝及缺损。压条应平直、宽窄一致。

检验方法：观察、尺量检查。

2）饰面板上的灯具、烟感器、喷淋头、风口箅子等设备的位置应合理、美观，与饰面板的交接应吻合、严密。

检验方法：观察。

3）金属吊杆、龙骨的接缝应均匀一致，角缝应吻合，表面应平整，无翘曲、锤印。木质吊杆、龙骨应顺直，无劈裂、变形。

检验方法：检查隐蔽工程验收记录和施工记录。

4）吊顶内填充吸声材料的品种和铺设厚度应符合设计要求，并应有防散落措施。

检验方法：检查隐蔽工程验收记录和施工记录。

5）暗龙骨吊顶工程安装允许偏差和检验方法见表2-4-1。

		允许偏差/mm				
项次	项目	纸面石膏板	金属板	矿棉板	木板、塑料板、格栅	检验方法
1	表面平整度	3	2	2	3	用2m靠尺和楔形塞尺检查
2	接缝直线度	3	1.5	3	3	拉5m线,不足5m拉通线,用钢直尺检查
3	接缝高低差	1	1	1.5	1	用钢直尺和楔形塞尺检查

表格标题:暗龙骨吊顶工程安装允许偏差和检验方法　　表2—4—1

（五）成品保护

1．骨架、饰面板及其他材料进场后，应存入库房内码放整齐，上面不得放置重物。露天存放必须进行遮盖，保证各种材料不受潮、不霉变、不变形。

2．骨架及饰面板安装时，应注意保护顶棚内的各种管线及设备。吊杆、龙骨及饰面板不准固定在其他设备及管道上。

3．吊顶施工时，对已施工完毕的地面、墙面和门、窗、窗台等必须进行保护，防止污染、损坏。

4．不上人吊顶的骨架安装好后，不得上人踩踏。其他吊挂件或重物严禁安装在吊顶骨架上。

5．安装饰面板时，作业人员宜戴干净的线手套，以防污染，并拉5m线检查。

（六）应注意的质量问题

1．严格按弹好的水平和位置控制线安装周边骨架，受力节点应按要求用专用件组装并连接牢固，保证骨架的整体刚度。各龙骨的规格、尺寸应符合设计要求，纵横方向起拱均匀，互相适应。用吊杆螺栓调整骨架的起拱度，金属龙骨严禁有硬弯，以确保吊顶骨架安装牢固、平整。

2．施工前应准确弹出吊顶水平控制线，龙骨安装完后应拉通线调整高度，使整个底面平整，中间起拱度符合要求。龙骨接长时应采用专用件对接，相邻龙骨的接头要错开，龙骨不得向一边倾斜。吊件安装必须牢固，各吊杆的受力应一致，不得有松弛、弯曲、歪斜现象。龙骨分档尺寸必须符合设计要求和饰面板块的模数。安装纸面石膏板的螺钉时，不得出现松紧不一致的现象。纸面石膏板安装前应调平、规方，龙骨安装完应经检验合格后再安装纸面石膏板，以确保吊顶面层的平整度。

3．纸面石膏板安装前应逐块进行检验，边角必须规整，尺寸应一致，安装时应拉纵横通线控制板边，安装压条应按线进行钉装，以保证接缝均匀一致、平顺光滑、线条整齐、密合。

4．轻钢龙骨预留的各种孔、洞（灯具口、通风口等）处，其构造应按规范、图集要求设置龙骨及连接件。避免孔、洞周围出现变形和裂缝。

5．吊杆、龙骨应固定在主体结构上，不得吊挂在顶棚内的各种管线、设备上，吊杆螺母调整好标高后必须固定拧紧。轻钢龙骨之间的连接必须牢固可靠，以免造成龙骨变形使顶板不平、开裂。

6．纸面石膏板在下料切割时，应控制好切割角度，切口的毛茬、崩边应修整平直。避免出现接缝明显、接口露白茬、接缝不平直等问题。

7．各专业工种应与装饰工种密切配合施工，施工前先确定方案，按合理工序施工。各孔、洞应先放好线后再开洞，以保证位置准确，吊顶与设备衔接吻合、严密。

（七）质量记录

参见各地具体要求，例如各地建筑工程施工质量验收相关规范及实施指南等。

（八）安全环保措施

1．安全操作要求

（1）施工中使用的电动工具及电气设备，均应符合国家现行标准《施工现场临时用电安全技术规范》JGJ 46—2005的规定。

（2）施工中使用的各种架子搭设应符合安全规定，并经安全部门检查合格。铺板不得有探头板和飞挑板。采用高凳上铺脚手板时，宽度不得少于两块脚手板（宽500mm），间距不得大于2m，移动高凳时上面不得站人，作业人员最多不得超过2人。高度超过1m时，应由架子工搭设脚手架。

（3）在高处作业时，上面的材料码放必须平稳可靠，工具不得乱放，应放入工具袋内。工人进入施工现场应戴安全帽，2m以上作业必须系安全带，并应穿防滑鞋。

（4）电、气焊工应持证上岗并配备防护用具，使用电、气焊等明火作业时，应清除周围及焊渣溅落区的可燃物，并设专人监护。

2．环保措施

（1）施工用的各种材料应符合现行国家标准《民用建筑工程室内环境污染控制规范》GB 50325—2010（2013年版）的规定。工程所使用的胶合板、玻璃胶、防腐涂料、防火涂料应有正规的环保监测报告。

（2）施工现场垃圾不得随意丢弃，必须做到工完场清。清扫时应洒水，不得扬尘。

（3）施工空间应尽量封闭，以防止噪声污染、扰民。

（4）废弃物应按环保要求分类堆放，并及时清运。

集成吊顶具有安装简便、防火性能优良的特点（图2—4—13）。

图2—4—13　轻钢龙骨集成吊顶

四、（子任务四）轻钢龙骨集成吊顶施工

（一）施工准备

1．材料

各种材料应符合设计要求和国家现行标准的有关质量规定。应有出厂质量合格证、性能及环保检测报告等质量证明文件。人造板材应有甲醛含量检测（或复试）报告。并应符合现行国家标准《室内装饰装修材料 人造板及其制品中甲醛释放限量》GB 18580—2017的规定。

1）龙骨：可选用轻钢龙骨或型钢。轻钢主、次龙骨的规格、型号、材质及厚度应符合设计要求和国家现行标准的有关规定；应配有专用吊挂件、连接件、插接件等附件。型钢主、次龙骨的规格、型号、材质及厚度应符合设计要求和现行国家标准《建筑用轻钢龙骨》GB/T 11981—2008的有关规定。

2）饰面板：饰面板按形状分为条板、方板两种；按材质分为铝合金板、铝塑板、不锈钢板及金属合金板等多种。具体材质、规格、形状按设计要求选用。基层板一般用胶合板或细木工板。

3）附材、配件：吊杆、膨胀螺栓、角码、自攻螺钉、清洗剂、胶黏剂、嵌缝胶等应符合设计要求；金属件须进行防腐处理；清洗剂、胶黏剂、嵌缝胶应符合环保要求，并进行相容性试验。

2．机具设备

1）机具：型材切割机、电锯、无齿锯、手枪钻、冲击电锤、电焊机、角磨机等。

2）工具：拉铆枪、射钉枪、手锯、钳子、扳手、螺钉旋具等。

3）计量检测用具：钢尺、水平尺、水准仪、靠尺、塞尺、线坠等。

4）安全防护用品：安全帽、安全带、电焊帽、电焊手套、线手套等。

3．作业条件

1）各种材料配套齐全，已进场，并进行了检验或复试，填写好检验记录。

2）室内墙面装饰施工作业已完成或只剩最后一道涂料作业，地面湿作业完成，并经检验合格。

3）饰面板安装前，吊顶内的管道和设备安装、调试完成，并经检验合格办理完交接手续。

4）室内环境必须干燥，湿度不大于60%，通风良好。吊顶内四周墙面的各种孔洞已封堵处理完毕，抹灰已干燥。

5）施工所需的脚手架已经搭设完毕，高度合适，并经检验合格。

4．技术准备

1）施工前应熟悉施工图纸及设计说明，根据现场施工条件进行必要的测量工作，对房间的净高、各种洞口标高和吊顶内的管道、设备的标高进行校核。发现问题及时向设计提出，并办理洽商变更手续，确保与专业设备安装间的矛盾解决在施工前。

2）编制施工方案并经审批。

3）根据设计图纸、吊顶标高和现场实际进行排板、排龙骨等深化设计，绘制大样图，并翻大样，办理委托加工。

4）根据设计要求的吊顶标高和现场实际尺寸，对吊杆进行翻样并委托加工。

5）施工前先做样板间（段），并经监理、建设单位检验合格并签字确认。

6）对操作人员进行安全技术交底。

（二）操作工艺

1．工艺流程

测量放线→固定吊杆→安装主龙骨→安装次龙骨→安装饰面板→安装压条、收口条→清理。

2．操作工艺

1）测量放线

（1）放吊顶标高及龙骨位置线：依据室内标高控制线（点），用尺或水准仪找出吊顶设计标高位置，在四周墙上弹一道墨线，作为吊顶标高控制线。弹线应清晰，位置应准确。再按吊顶排板图或平面大样图，在楼板上弹出主龙骨的位置线。主龙骨宜从吊顶中心开始，向两边均匀布置（应尽量避开嵌入式设备），最大间距应根据设计要求和饰面板的规格确定，一般应不大于1000mm。然后，在主龙骨位置线上用小"十"字线标出吊杆的固定位置，一般吊杆间距为900～1000mm，距主龙骨的端头应不大于300mm，均匀布置。若遇较大设备或管道，吊杆间距大于1200mm时，宜采用型钢扁担来满足吊杆间距。

（2）放设备位置线：按施工图上的位置和设备的实际尺寸、安装形式，将吊顶上的所有大型设备、灯具、电扇等的外形尺寸和吊具、吊杆的安装位置，用墨线弹于顶板上。

2）固定吊杆（图2-4-14）

通常用冷拔钢筋或盘圆钢筋做吊杆，使用盘圆钢筋时，应用机械先将其拉直，然后按吊顶所需的吊杆长度下料。断好的钢筋一端焊接L30×30×3角码（角码另一边打孔，其孔径按固定吊杆的膨胀螺栓直径确定），另一端套出长度不小于100mm的螺纹（也可用带栓吊筋做吊杆）。

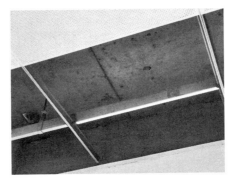

图2-4-14 固定吊杆

吊杆长度小于1000mm时，直径宜不小于6mm；吊杆长度大于1000mm时，直径宜不小于8mm。吊装型钢扁担的吊杆，当扁担上有两根以上吊杆时，直径应适当增加1～2级。当吊杆长度大于1500mm时，还应设置反向支撑杆。制作好的金属吊杆应作防腐处理，用金属膨胀螺栓固定到楼板上。吊杆应通直并有足够的承载力。在预埋件上安装金属吊杆和吊杆接长时，宜采用焊接并连接牢固。吊顶上的灯具、风口及检修口和其他设备，应设独立吊杆安装，不得固定在龙骨吊杆上。吊杆、角码等金属件和焊接处应作防腐处理。

3）安装主龙骨

主龙骨按设计要求选用。通常用UC38或UC50轻钢龙骨，也可用型钢或其他金属方管做主龙骨。龙骨安装时采用专用吊挂件与吊杆连接，吊杆中心应在主龙骨中心线上。主龙骨的间距一般为900～1000mm。主龙骨端部悬挑应不大于300mm，否则应增加吊杆。主龙骨接长时应采取专用连接件，每段主龙骨的吊挂点不得少于两处，相邻两根主龙骨的接头要相互错开，不得放在同一吊杆档内。采用型钢或其他金属方管做主龙骨时，通常与吊杆用螺栓连接或焊接。主龙骨安装完成后，应拉通线对其进行一次调平，并调整至各吊杆受力均匀（图2-4-15）。

图2-4-15 安装主龙骨、次龙骨

4）安装次龙骨

次龙骨按设计要求选用。通常选用与主龙骨配套的倒三角形卡嵌式龙骨，用专用连接件与主龙骨吊挂固定。次龙骨间距按设计要求确定，一般不大于600mm。次龙骨须接长时，必须对接，不得有搭接，并应使用专用连接件连接固定。每段次龙骨与主龙骨的固定点不得少于两处，相邻两根次龙骨的接头要相互错开，不得放在两根主龙骨的同一档内。最后调整次龙骨，使其间距均匀、平整一致。各种洞口周围，应设附加龙骨，附加龙骨用拉铆钉连接固定到主、次龙骨上。次龙骨装完后，应拉通线进行整体调平、调直，并注意调好起拱度。起拱高度按设计要求确定。一般为房间跨度的3‰～5‰（图2-4-15）。

5）安装饰面板

无基层板的金属饰面板安装：按设计要求确定饰面板的材质、规格、颜色及安装方式。安装方式通常为卡挂法。卡挂法安装（适用于方形金属饰面板安装）时，通常金属饰面板与龙骨由厂家配套供应，饰面板已经扣好边，可以直接卡挂安装。安装应在龙骨调平、调直后进行。安装时，将条板双手托起，把条板的一边卡入龙

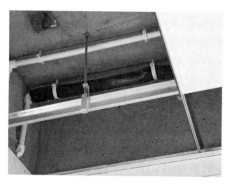

图2-4-16 饰面板安装

骨的卡槽内，再顺势将另一边压入龙骨的卡槽内（图2-4-16）。施工时应从房间一端开始，按一个方向依次进行，并拉通线进行调整，将板面调平，板边和接缝调匀、调直，以确保板边和接缝严密、顺直，板面平整。

6）安装压条、收口条

吊顶的金属饰面板与四周墙、柱面的交界部位及各种预留孔洞的周边，应按设计要求收口，所用材料的材质、规格、形状、颜色应符合设计要求，一般用与

饰面板材质相适应的收口条、阴角线进行收口。墙、柱边用石膏线收口时，应在墙、柱上预埋木砖，再用螺钉固定石膏线，螺钉间距宜小于600mm。其他轻质收口条，可用胶黏剂粘贴或卡挂固定，但必须保证安装牢固可靠、平整顺直。

7）清理

在整个施工过程中，应保护好金属饰面板的保护膜。待交工前再撕去保护膜，用专用清洗剂擦洗金属饰面板表面，将板面清理干净。

（三）质量标准

1. 主控项目

1）吊顶标高、尺寸、起拱和造型应符合设计要求。

检验方法：观察、尺量检查。

2）饰面材料材质、品种、规格、图案和颜色应符合设计要求。

检验方法：观察，检查产品合格证书、性能检测报告、进场验收记录和复验报告。

3）吊顶的吊杆、龙骨和饰面材料的安装必须牢固。饰面材料与龙骨的搭接宽度应大于龙骨受力面宽度的2/3。

检验方法：观察、手扳检查、尺量检查。

4）吊杆、龙骨的材质、规格、安装间距及连接方式应符合设计要求。金属吊杆应经过表面防腐处理。

检验方法：观察、尺量检查，检查产品合格证书、性能检测报告、进场验收记录和隐蔽工程验收记录。

2. 一般项目

1）饰面材料表面应洁净、色泽一致，不得有翘曲、裂缝及缺损。饰面板与明龙骨的搭接应平整、吻合，压条应平直、宽窄一致。

检验方法：观察、尺量检查。

2）饰面上的灯具、烟感器、喷淋头、风口箅子等设备的位置应合理、美观，与饰面板的交接应吻合、严密。

检验方法：观察。

3）龙骨的接缝应均匀一致，角缝应吻合，表面应平整，无翘曲、锤印。

检验方法：观察。

4）轻钢骨架金属饰面板顶棚安装的允许偏差和检验方法（见表2-4-2）。

轻钢骨架金属饰面板顶棚安装的允许偏差和检验方法　　　　　表2-4-2

项次	项目	允许偏差/mm	检验方法
1	表面平整度	2.0	用2m靠尺和塞尺检查
2	分格线平直度	1.0	用尺量检查
3	接缝平直度	2.0	拉5m线，不足5m拉通线，用钢尺和塞尺检查
4	接缝高低差	1.0	用钢尺和塞尺检查
5	收口线高低差	1.0	用水准仪或尺量检查

（四）成品保护

1. 骨架、金属饰面板及其他材料进场后，应存入库房内码放整齐，上面不得放置重物。露天存放应进行遮盖，保证各种材料不发生变形、受潮、生锈、霉变、污染、脱色、掉漆等。

2. 骨架及饰面板安装时，应注意保护顶棚内各种管线及设备。吊杆、龙骨及饰面板不准固定在其他设备及管道上。

3. 吊顶施工时，对已施工完毕的地面、墙面和门、窗、窗台等应采取可靠的保护措施。防止污染、损坏其他已完工的成品、半成品。

4. 吊顶的骨架安装后，不得上人踩踏。其他设备的吊挂件或重物不得安装在吊顶骨架上。

5. 安装饰面板时，作业人员宜戴干净线手套，以防污染板面或板边划伤手。

6. 雨期各种吊顶材料的运输、存放均应采取防雨、防潮措施，以防止发生霉变、生锈、变形等现象。

（五）应注意的质量问题

1. 吊顶骨架的受力节点应按要求用专用件组装连接牢固，保证骨架的整体刚度；各龙骨的规格、尺寸应符合设计要求，纵横方向起拱均匀，互相适应；金属龙骨不得有硬弯，否则应先调直后再进行安装，以确保吊顶骨架安装牢固、平整。

2. 施工前应准确弹出吊顶水平控制线；龙骨安装完后应拉通线调整高低，使整个骨架底面平整，中间起拱度符合要求；龙骨接长时应采用专用件对接，相邻龙骨的接头要错开，龙骨不得向一边倾斜；吊件安装必须牢固，各吊杆的受力应一致，不得有松弛、弯曲、歪斜现象；龙骨分档尺寸应符合设计要求和饰面板块的模数。安装饰面板的螺钉时，松紧应一致；龙骨安装完成经检查合格后再安装饰面板，以确保吊顶面层的平整度。

3. 饰面板安装前应逐块进行检查，并进行调平、规方，使边角规整、尺寸一致；安装时应拉纵横通线进行控制，收口压条应按控制线进行安装，以保证接缝均匀、顺直、整齐、密合。

4. 轻钢骨架在预留的各种孔、洞（灯具口、通风口等）处，应按设计、规范、图集对局部节点的要求进行加固，一般设置附加龙骨及连接件，避免孔、洞周围出现变形和裂缝。

5. 吊杆、骨架应固定在主体结构上，不得吊挂在其他管线、设备上；调整好龙骨标高后，必须将吊杆螺母拧紧；骨架之间的连接应牢固可靠，以免造成骨架变形，以致顶板不平、开裂。

6. 饰面板、块在下料切割时，应控制好切割角度，安装前应将切口的毛边修整平直，避免出现接缝明显，接口露白茬，接缝不平直、错台等问题。

7. 各专业工种应与装饰工种密切配合施工。施工前先确定方案，按合理工序施工，各孔、洞应先放好线后再开洞，以保证位置准确，吊顶与设备衔接吻合、严密。

（六）质量记录

1. 各种材料的产品质量合格证、性能检测报告，人造板材的甲醛含量检测（或复试）报告，清洗剂、胶黏剂、嵌缝胶的环保检测和相容性试验报告。

2. 各种材料的进场检验记录和进场报验记录。

3. 吊顶骨架的安装隐蔽工程检查记录。

4. 检验批质量验收记录。

5. 分项工程质量验收记录。

（七）安全、环保措施

1. 安全操作要求

（1）施工中使用的电动工具及电气设备，均应符合国家现行标准《施工现场临时用电安全技术规范》JGJ 46—2005的规定。

（2）脚手架搭设应符合现行地方标准，如北京市区应遵照《北京市建筑工程施工安全操作规程》DBJ 01—62—2002的规定。脚手架上置物重量不得超过规定荷载，脚手板应固定，不得有探头板。

（3）电、气焊等特殊工种作业人员应持证上岗。

（4）大面积、通风条件不好的空间内施工，应增加通风设备。

（5）脚手架搭设、活动脚手架固定均应符合建筑施工安全标准。

（6）进入施工现场应戴安全帽，高空作业时应系安全带。电、气焊工应配备防护用具。

（7）使用电、气焊等明火作业时，必须清除周围及焊渣溅落区的可燃物，并设专人监护。

（8）冬期安装金属饰面板进行注胶作业时，作业环境温度应控制在10℃以上。

2. 环保措施

（1）施工用的各种材料应符合现行国家标准《民用建筑工程室内环境污染控制规范》GB 50325—2010（2013年版）的要求。

（2）施工现场必须做到工完场清。清扫时应洒水，不得扬尘。

（3）施工空间应尽量封闭，防止噪声污染、扰民。

（4）废弃物应按环保要求分类堆放并及时清运（如废饰面板、胶桶等）。

五、（子任务五）玻璃采光顶顶棚施工

（一）施工准备

1. 装饰施工依据及规范

1）《建筑施工安全检查标准》JGJ 59—2011

2）《施工企业安全生产评价标准》JGJ/T 77—2010

3）《建筑施工门式钢管脚手架安全技术规范》JGJ 128—2010

4）《建筑施工扣件式钢管脚手架安全技术规范》JGJ 130—2011

5）《液压滑动模板施工安全技术规程》JGJ 65—2013

6)《建筑施工高处作业安全技术规范》JGJ 80—2016

7)《建筑机械使用安全技术规程》JGJ 33—2012

2．系列阳光房风格介绍

1）地中海式阳光房（图2-4-17）

图2-4-17　地中海式阳光房顶棚

神秘的地中海文明总是令人浮想联翩，很多阳光房的设计，也汲取了地中海式建筑风格的精髓。直立的支撑框架与斜平顶的配合，无比简洁，更具有一份使天、地、人融为一体的亲和力。花卉主题的布艺、田园风格的藤椅、缤纷盛开的花朵，都是地中海式阳光房的绝妙搭配。

特点：造型简洁、形式灵活，面积无需太大。一面、两面临墙皆可。

图2-4-18　维多利亚式玻璃采光顶顶棚

适合区域：多层或中高层公寓的无顶阳台、别墅底层的一隅等。

适用功能：种花、小憩、冥想。

2）维多利亚式阳光房（多角形顶，图2-4-18）

维多利亚式，是阳光房经典的造型之一。它沿袭了英国维多利亚时期的宫廷建筑风格，以框架结构搭建出长方形、人字形、弧形或梯形的各个斜面。

3．设计要求

1）节能、保温与隔声功能。

2）有效的排水系统。

3）减小清洁难度。

4．施工准备（技术、材料、设备、场地等）

1）技术准备

（1）测量放线：依据装饰装修工程阶段统一测定的轴线控制和建筑标高线，引测到南北面后，用线坠吊至玻璃顶屋面预留洞口四周的反梁外侧，并弹上标高控制线，深化设计尺寸，校核结构偏差情况，作为深化设计依据。

（2）深化设计：根据设计施工图纸尺寸要求，结合现场实测情况进行排板设计与节点、区间划分细部尺寸设计。

2）材料准备（可内外分色）

（1）110mm×80mm×4.5mm主梁（铝合金）、前大梁（断桥铝合金）、靠墙梁（铝合金）、副梁（铝合金）、侧梁（断桥铝合金）、中柱（断桥铝合金）、90°转角（断桥铝合金）、落水槽、落水管、玻璃扣板。

（2）6mm Low-E+6mm夹胶+12A+6mm中空钢化玻璃。

（3）发泡胶、中性玻璃密封胶、防水结构胶。

（4）钻尾螺钉（长短各备）、膨胀螺钉（根据现场情况选择大小标号）。

3）施工机械准备

玻璃幕墙采光顶吊装施工工艺中使用到的施工机具有塔式起重机、单轨吊车、玻璃吸盘、手动电焊机、电动打磨机、压缩机、喷枪、扳手等。

采用以上方法进行隐框玻璃幕墙采光顶的施工，玻璃板块安装拆卸方便，便于施工及维护。玻璃板块四周处于活动状态，能够消除层间位移及玻璃板块在热胀冷缩状态下产生的应力，防止玻璃爆裂。全螺栓连接的骨架系统避免了应力集中，提高了安装精度和安装速度。双层中空隔热玻璃的应用不仅具有保温隔热性能，而且还避免了室内结露。其玻璃表面平整，坡度容易控制，排水通畅，值得推广和应用。

（二）主要施工方法与操作工艺

1. 工艺流程

材料到场→检查材料的完好→做好场地内清理及平整→材料工具吊运（搬运）到场→按图纸画好安装线→红外线仪做好水平测量→各型材按位置摆放→立面窗找水平并固定→侧梁及靠墙梁连接固定→主梁固定到侧梁和前大梁→副梁固定好→完成固定中柱、转角→靠墙梁、中柱和墙打胶→安装玻璃→打玻璃密封外胶→完

图2-4-19　玻璃采光顶顶棚施工工艺

成内部打胶→收拾工具→打扫卫生→验收→填写安装验收单，安装完成（图2-4-19）。

2. 操作工艺

1）做好场地内清理及平整：保证型材与地面、墙面固定面平整，场地内无杂物。

2）材料工具吊运（搬运）到场。

3）认真按施工安全知识施工。

4）按图纸画好安装线：首先把精细测量时的画线描清楚，作为安装线的辅助线。测量线作为顶外线，垂直于测量线下76mm画出平行线作为安装线，安装时边梁底和安装线对齐。

5）测量顶面的长和宽，分出立柱及转角位。

6）按水平线算好立柱高度：顶面和女儿墙需要保持20mm以上的缝隙，所以计算立柱高度的时候，顶面高度至少减去20mm才为立柱高度。画水平线时，按照最高点画，因而立柱应减去上水平线基准线以下的距离。还要将墙高考虑在内。

7）固定侧梁：靠墙梁（固定前先剔开保温层）、前大梁，梁与梁之间的角要组装严密，没有错位，组装缝隙须低于1mm。最后用角码固定。

8) 立柱固定：对准垂线、对准拉线来固定立柱，不用完全对准安装线。用磨光机把螺栓的露头磨平至平齐螺母。

9) 主梁固定到前大梁和靠墙梁：主梁按标号分别固定到靠墙梁和前大梁。注意事项：主梁插入到位后再上螺钉及角码固定好，主梁和侧梁的底边要在同一个平面。

10) 完成固定副梁：副梁与主梁以角码钻尾螺钉固定，并盖上线条，以遮挡螺钉。

11) 靠墙梁和墙密封打胶：上玻璃前用结构耐候胶密封靠墙梁和墙的缝隙，当缝隙大于15mm时，用发泡胶打满再用结构耐候胶密封（图2-4-20）。

图2-4-20　靠墙梁和墙密封打胶

12) 安装水槽及外饰边：水槽安装在前大梁外侧，水槽两端外露部分需用水槽挡水板遮挡。

13) 安装玻璃：固定玻璃→垫好玻璃垫块（使用垫块，垫到合适为止）→安装玻璃。

14) 打玻璃外密封胶：待胶干后扣好玻璃扣板。

15) 完成内部打胶：胶面须平滑，胶面斜面与墙面成45°角，胶面（斜面）要等宽。

16) 收拾工具：把工具收拾好并按顺序放入工具箱。按清单清点工具。

17) 打扫卫生：顶面玻璃、立面玻璃的清洁。

18) 验收：先自查验收，做到认真、仔细、不急、不慌，再请业主验收。

（三）质量控制

1. 玻璃采光顶工程质量应严格按照《玻璃幕墙工程质量检验标准》JGJ/T 139—2001和《玻璃幕墙工程技术规范》JGJ 102—2003，以及国家、行业、地区现行的有关规范、标准执行。

2. 玻璃采光顶所选用的各类材料，应符合国家现行的有关产品标准。特别是《铝合金建筑型材　第2部分：阳极氧化型材》GB/T 5237—2017、《半钢化玻璃》GB/T 17841—2008、《建筑用安全玻璃》GB 15763—2009、《建筑用硅酮结构密封胶》GB 16776—2005等。

3. 结构硅酮密封胶应有与接触材料的相容性试验报告，并应有保质年限的质量证书。

4. 玻璃采光顶所采用的材料应选用耐候性好的材料。

5. 关键部位的质量控制点及检验质量方法。

1) 预埋件的位置，用钢卷尺参照设计图进行测量，以轴线或中心线为基准。

2) 连接件与预埋件的焊接、防腐处理。观察焊缝长度、厚度，应满足设计要求，无漏焊、虚焊，焊缝打光后涂防锈漆。

3）连接件与主龙骨宜机械连接，采用不锈钢六角螺栓，并带有弹簧垫圈，若未采用弹簧垫圈，应有防松脱措施。

4）进入施工现场的玻璃应检查项目：包括质量证明材料，玻璃尺寸与设计尺寸是否吻合，表面质量如碰伤、擦伤、划伤、脱膜、针眼、疵点、油污或胶迹等。玻璃进场检验单片玻璃的厚度允许偏差，均按《平板玻璃》GB 11614—2009的规定执行。中空玻璃和夹层玻璃的厚度允许偏差按《中空玻璃》GB/T 11944—2012标准的规定执行。

6．检验项目包括：铝合金型材、钢材、玻璃、硅酮结构胶及密封材料、五金件及其他配件等。

7．安装允许偏差的指标、机械性能检测。

1）铝合金杆件安装偏差应符合表2-4-3的规定。

铝合金杆件安装允许偏差　　　　　　　　　　　　　表2-4-3

序号	项目		允许偏差/mm
1	屋脊（顶部）	水平高差	±2
		水平平直	±2
2	檐　口	水平高差	±2
		水平平直	±2
3	间距（边长）/mm	≥3000	≤4
		<3000	≤3
4	跨度（边→边）/mm	≥8000	≤0.012L，且≤20
		≥5000	≤6
		≥3000	≤4
		<3000	≤3
5	高度（底→顶）/mm	≥5000	≤0.0015H且≤15
		≥3000	≤4.5
		≥2000	≤3
		<2000	≤2
6	分格尺寸/mm	≥2000	≤2
		<2000	≤1.5
7	圆曲率半径r/mm	r≥3000	±6
		r≥2000	±4
		r<2000	±3
8	斜杆上表面同一位置平面度/mm	相邻三根杆	2
		长度≤20000	±4
		长度≤40000	±5
		长度≤60000	±6
		长度≤80000	±8
		长度>80000	±10
9	横杆同一位置平面度/mm	相邻两杆	1
		长度≤25000	5
		长度>25000	7
10	锥体对角线（奇数锥为角到对边垂直）/mm	≥5000	7
		≥3000	4
		<3000	3

2）玻璃采光顶机械性能检测参照《玻璃幕墙工程质量检验标准》JGJ/T 139—2001。

8．防雷措施

1）玻璃采光顶有防雷要求的应采取防雷措施。防雷装置及措施应按照《建筑物防雷设计规范》GB 50057—2010之规定进行。

2）首先应确保与建筑主体结构的避雷均压环有效连接。玻璃采光顶顶部周围雷击电流可能会很大，应设置金属极接闪器，金属极之间采用搭接时，搭接长度不小于100mm。金属封边均应与女儿墙内钢筋连接成电气通路。

3）预埋防雷连接件时应将每块埋件与主体结构的钢筋焊接连接。

9．防水措施

1）玻璃采光顶防水措施应根据设计要求，采取外部排水和内部冷凝水处理措施，与建筑主体的其他防水、排水构造有效连接。

2）玻璃采光顶安装过程中应进行现场单位淋水测试或安装完毕后进行整体淋水测试。

3）玻璃采光顶中间或与结构之间有排水槽设计时，应进行蓄水防渗漏测试。

（四）施工安全及成品保护措施

1．安装人员高处作业应穿胶鞋、系好安全带。

2．采光顶玻璃为异形结构，搬运时注意成品保护，特别是边角，防止碰碎。

3．安装脚手架要搭设牢固，施工平台上的木板要铺设平整。

4．高处作业时严禁下方站人。

5．焊接人员必须有焊工合格证，焊接之前办理动火审批手续。

六、（子任务六）家装工程软膜顶棚施工

（一）施工准备

1．材料介绍及特点

软膜顶棚源于欧洲，我国自20世纪90年代引进后，软膜顶棚已日趋成为吊顶的首选（图2-4-21）。软膜采用特殊的聚氯乙烯材料制成，膜厚0.18~0.2mm，每平方米重约180~320g，软膜通过一次或多次切割成形，并用高频焊接完成。需要实地测量顶棚尺寸后，在工厂里制作完成。软膜的尺寸稳定性在-15~45℃。透光膜顶棚可配合各种灯光系统（如霓虹灯、荧光灯、LED灯）营造梦幻、无影的室内灯光效果，同时摒弃了玻璃或有机玻璃的笨重、危险，以及小块拼装的缺点，已逐步

图2-4-21　软膜顶棚

成为新的装饰亮点。室内软膜顶棚适用于各类工业、商业、办公、娱乐、体育场所，以及酒店、医院、学校、会所、别墅、公寓等各类居住建筑和公共建筑，适用于各种类型的灯光、空调及声音、安全系统。

1）防火功能：软膜顶棚已经符合多个国家的防火标准。在中国的防火标准为B1级。简单地说，一般建材（如木材、石膏板以及金属顶棚）受到高温加热或燃烧后都会将火和热蔓延至其他位置，然而软膜顶棚燃烧后，就只会自身熔穿，并且于数秒之内自行收缩，直至离开火源，然后自动停止，并且不会产生有害气体或溶液滴下伤及人体或财物。

2）节能功能：首先，软膜顶棚的表面是依照电影银幕而制造，如细看表面可发现有无数凹凸纹，其目的正是将灯光折射度加强，所以设计时会鼓励用户安装壁灯或倒射灯加强效果，来减少灯源数量。其次，软膜顶棚本质是用PVC材料做成，能大大提高顶棚的绝缘性能，更能大大减少室内温度流失，尤其是经常需要开启空调的地方。

3）防菌功能：因为软膜顶棚在出厂前已预先采取一种称为BIO—PRUF的抗菌处理措施。此产品已于美国注册，并有30年之经验。经此特别处理后的材料能够抵抗及防止微生物（如一般发霉菌）生长于物体表面，因而能给用户提供一种额外的保障，尤其适用于儿童卧室及浴室等，也是香港医学会指定使用产品。

4）防水功能：一般发生于传统顶棚上的漏水意外，往往都导致糟糕的后果，而又因未能及时阻止漏水，以致室内财物毁坏；甚至影响到下一层住房。而软膜顶棚则是用PVC材质做成的，安装结构上采用封闭式设计，当遇到漏水情况时，能暂时承托污水，给业主及时作出处理预留了时间。

5）丰富的色彩：软膜顶棚有多种颜色、8种类型可供选择，如亚光面、光面、绒面、金属面、孔面和透光面等。各种面料都有自己的特色。其中孔面的直径大小有1mm、2mm、3mm、4mm、10mm等多种类型供设计师选择。

6）无限的创造性：因为软膜顶棚是一种软性材料，可根据龙骨的形状来确定它的最终形状。所以造型比较随意、多样，让设计更具创造性。

7）方便安装：可直接安装在墙壁、木方、钢结构、石膏板墙和木板墙上，适合各种建筑结构。软膜顶棚规格可以量身定做，整块最大可做到40m²，而传统顶棚只能小块拼装。并且软膜龙骨只需用螺钉按一定距离均匀固定即可，安装十分方便。在整个安装过程中，不会有溶剂挥发，不落尘，不对本空间内的其他摆设产生影响，不影响正常的生产工作生活秩序。

8）优异的抗老化性能：专用龙骨分为PVC和铝合金两种材质，软膜的主要构造成分是PVC，软膜扣边也是由PVC和几种特殊添加剂制成。所有这些组件的寿命都可达十年以上。在正确的安装使用过程中不会产生裂纹，也绝对不会脱色或小片脱落。

9）安全环保：软膜顶棚在环保方面有突出的优势，它完全符合欧洲及国内各项检测标准。软膜全部由环保性原料制成，不含镉、乙醇等有害物质。可回收，在制造、运输、安装、使用、回收过程中，不会对环境产生任何影响，完全符合当今社会的环保主题。

10）理想的声学效果：有关专业部门的相关检测证明，该材料能有效地改进室内声音效果。其中的几种材质能有效隔声，是理想的隔声装饰材料。

2. 工具与设备

1）软膜：根据设计选用软膜顶棚的材质、颜色及图案。

2）骨架：根据设计选用明骨架或暗骨架（包括明码、扁码、双扣码、F码，图2-4-22）。

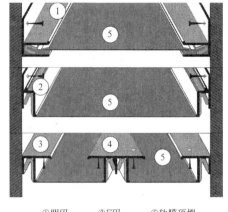

①明码　　③F码　　⑤软膜顶棚
②扁码　　④双扣码

图2-4-22　骨架

3）安装设备：手电钻、切割机、钢卷尺、专用插铲、加热风炮、液化气罐等。

（二）工艺原理

1. 室内软膜顶棚施工时，在预留空间造型基础上，按照设计图纸空间确定软膜尺寸，在加工车间按照尺寸加工膜块，周边用高频焊接边扣条。施工现场在预留空间边缘钉设专用龙骨骨架。如是异形，需要安装底架固定龙骨，将底架做成设计要求的造型。底架可以是木方或钢结构。把膜块用专用工具加热舒展均匀后，按对边顺序安装，再用加热工具进行均匀加热，舒展膜块。

2. 施工工艺和操作要点

软膜顶棚施工工程属于独立的单体工程。暗藏灯透光膜装饰吊顶施工时，每一个暗藏灯箱由施工方吊装完成，包括内装灯管，之后安装完成封口专用张拉膜。为了达到装饰效果，灯箱盒的深度不得少于300mm，盒内刷白（图2-4-23）。各装饰节点施工时，需要和施工方共同协商完成。

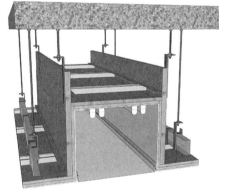

图2-4-23　暗藏灯箱

3. 施工流程

按图纸尺寸制作灯箱盒→工厂实际测量并加工软膜→安装灯具→现场安装铝合金骨架→清理盒内灰尘→用专用扁铲把软膜张紧插到铝合金龙骨骨架槽口中→加热风炮均匀加热软膜→清理及日常维护。

1）制作灯箱盒

（1）按施工图纸尺寸、造型，以细木工板制作或以龙骨焊接成设计要求的造型。盒子必须密封，内壁刷白。设计不漏光的地方，绝对不允许漏光，照明面只能有软膜饰面这一面。

（2）灯箱盒一定要制作吊装结实，因为软膜有一定的张拉力。

（3）为了避免透过软膜顶棚看见灯具，灯箱盒的深度不得少于300mm。

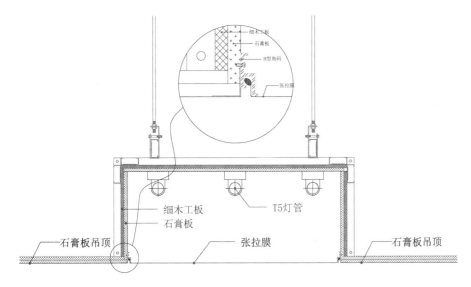

图2—4—24 软膜顶棚
剖面图

2）实际测量

由于软膜顶棚是一种特定的卷材装饰材料，需要根据现场造型尺寸，到工厂量身定做。在实际测量时注意软膜顶棚具有弹性，实际加工尺寸应为现场测量尺寸扣除一定的张拉膜伸缩量。根据工程量，订膜周期一般需要七个工作日（货到现场），所以在安排工期时应预留软膜顶棚加工周期。

3）安装灯具

在软膜顶棚到场安装前，首先应安装灯具，一般灯具采用T5灯管。安装T5灯管时应注意灯管间距不宜过大，相邻灯管接头不宜在同一位置，以避免产生阴影。灯具安装完成后，在灯箱顶部按灯箱尺寸大小比例开若干小孔散热。

4）安装铝合金骨架

按设计要求选用明骨架或暗骨架，根据造型现场制作，以自攻螺钉固定在细木工板的下沿，与边的上、下高度以设计要求为准。安装骨架时考虑到软膜顶棚具有一定张拉力，自攻螺钉的间距应紧密些，骨架接头及转角位置的处理应牢固、美观（见图2—4—24）。

5）安装软膜

（1）首先，把软膜展开，用专用的加热风炮充分加热均匀。

（2）其次，安装前应清理软膜及灯箱盒上的灰尘及污渍。

（3）最后，用专用扁铲把软膜张紧插到铝合金龙骨骨架槽口中（图2—4—25），再用风炮加热均匀，展开软膜。

6）清理及日常维护

安装完毕，用干净毛巾把软膜顶棚清洁干净。因其本身具有防静

图2—4—25 安装软膜

电功能，所以表面一般不会沾染尘埃，只需定期用清水清洁护理（一般每月一次）。

（1）若有人为污渍，如油烟、水渍等，可以用一般中性清洁剂清洗，再用毛巾抹干即可。

（2）如不慎沾染油漆，可使用汽油清洗后，再用清水洁净即可。注意：严禁喷洒浓酸、浓碱等强腐蚀性物品清洗。

（三）质量控制

在软膜顶棚施工过程中应严格按照《建筑装饰装修工程质量验收标准》GB 50210—2018及与膜相关的国家规定和行业标准进行质量控制。

1．焊接缝要平整、光滑，龙骨曲线要求自然、平滑、流畅。

2．与其他设备及墙角收边连接处角位一定要牢固、光滑，驳接要平整、紧密。

3．软膜顶棚无破损，并清洁干净。

4．采用膨胀螺栓固定吊挂杆件的不上人吊顶，吊杆长度小于1000mm，可以采用ϕ6的吊杆；如果大于1000mm，应采用ϕ8的吊杆；如果长度大于1500mm，还应在吊杆上设置反向支撑。上人的吊顶，吊杆长度小于等于1000mm，可以采用ϕ8的吊杆；如果大于1000mm，则应采用ϕ10的吊杆；如果长度大于1500mm，还应在吊杆上设置反向支撑。

5．吊挂灯箱的吊杆间距应为900~1000mm。

6．灯箱所使用细木工板应涂刷防火涂料，且防火涂料需做现场见证取样试验。

7．在软膜顶棚为波浪形时，每一条安装龙骨的波浪形底架应一致，这样软膜安装好后，波浪形才整齐协调；和软膜接触的底架边缘必须平滑，安装好后软膜顶棚、拉膜顶棚、拉篷顶棚、柔性顶棚、透光膜造型顶棚、艺术顶棚才不会凹凸不平（图2-4-26、图2-4-27）。

8．如软膜和软膜之间有缝隙，在吊装底架时，吊杆和主龙骨应尽量选择细的材料。做到隐蔽、整齐。从下往上看时，不能看到固定底架的吊杆。

9．安装软膜顶棚要充分加热，尤其是寒冷的地方，在拆开水晶棉之前就要加热，以防软膜遇冷变脆，损伤软膜。

10．安装软膜顶棚时，扁码要用折弯机折弯。所做弧线需流畅，且没有

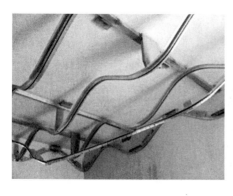

图2-4-26 波浪形软膜顶棚骨架

图2-4-27 波浪形软膜顶棚效果

切割缝。如果用切割法折弯，必须每隔3cm切割一次，要均匀，且不能切超过龙骨一半的厚度，否则会出现棱形。

（四）安全措施

1. 工人入场施工前，必须接受"安全生产三级教育"。

2. 进入施工现场人员必须佩戴好安全帽，正确使用个人劳保用品，如安全带等。

3. 现场施工人员必须正确使用相关机具设备。上岗前必须检查好一切安全设施是否安全可靠。

4. 加热软膜使用燃气时应注意使用安全，暂时不使用时关闭阀门，下班后应将燃气罐存放在专用的库房内。

5. 使用砂轮机时，先检查砂轮有无裂纹，是否有危险。切割材料时用力均匀，被切割件要夹牢。

6. 高空作业时，要系好安全带。严禁在高空中没有扶手的攀沿物上随意走动。

7. 需要用电时，需要由专业电工持证上岗作业。

8. 应根据施工现场合理布置灭火器数量。

（五）环保措施

软膜顶棚全部使用环保材料制作而成，且可以100%回收再利用，在使用过程中也不会挥发或产生其他污染物。

（六）成品保护措施

1. 安装龙骨时注意保护顶棚内的各种管线、电源接口等。

2. 安装顶棚时注意对已施工完成的地面进行保护。

3. 龙骨等材料进场后要集中存放、专人管理，使用过程中也要妥善管理。

4. 软膜顶棚施工完成后应在醒目位置设置提醒标志牌，提醒后续施工人员进行保护。

实训内容：（木龙骨、轻钢龙骨）吊顶施工

第五节　任务五　家装工程定制家具的安装施工

目前，随着室内装修向集成化、智能化、装配化方向的发展，市场上出现了越来越多的定制家具（图2-5-1）。本节主要介绍定制家具的安装方法。

图 2-5-1　定制家具的安装施工

一、施工准备

（一）依据：《建筑装饰装修工程质量验收标准》GB 50210—2018和《木结构工程施工质量验收规范》GB 50206—2012。

（二）技术要点概况分析：家具制作、安装、成品保护等。

（三）操作准备（技术、材料、设备、场地等）。

1．技术准备

1）熟悉施工图纸，对所制作安装的房间大小，框体高度、宽度、深度进行测量核对。

2）根据施工图纸绘制大样图，办理委托加工。

3）施工前先做样板间，经现场监理、建设单位或业主检验，合格后签字确认。

4）制作、安装，进行技术交底。

2．材料要求

1）壁柜、吊柜、木制品由工厂加工成品或半成品。加工的框体、门扇进场时应对型号、质量进行核查，需有产品合格证。

2）插锁、合页、锁具、拉手、组装件，应按设计要求的品种规格备齐，并有合格证。

3）人造板材、生态板、框体板、框门板，应有甲醛检测报告。应对其游离甲醛含量或释放量进行复验，并符合现行国家标准《室内装饰装修材料　人造板材及其制品中的甲醛释放限量》GB 18580—2017的规定。

3．主要机具

1）机具：气泵、手枪钻、电刨、手提式圆锯等。

2）工具：气钉枪、钢排钉、码钉枪、手锯、手刨、钳子、螺钉旋具。

3）计量检测用具：墨斗、水准仪、靠尺、钢卷尺、水平尺、塞尺、线锤等。

4）安全防护用具：安全帽、安全带、防护面罩、手套等。

4．作业条件

1）施工前应对安装房间进行复量，对框体高度、宽度、厚度进行复查，并办理交接记录。

2）各种材料配套齐全，进场并已检测或复验。

3）室内环境应干燥、通风良好，其他吊顶或隔墙应施工完成。

4）施工现场所需水、电，各种机具、工具准备就绪。

二、主要施工方法与操作工艺

（一）工艺流程

放线定位→框架安装→壁柜、隔板、支点安装→吊柜、门扇安装→五金安装。

固定吊柜：将吊柜吊码挂到吊片上，用螺丝刀紧固螺丝钉即可

图2-5-2　组件安装

（二）施工工艺要点

1．放线、找定位，确定柜体安装位置、高度、深度和宽度，按照设计图纸准确安装。

2．安装定制成品家具时，准确找出所安装家具的位置，拆开成品包装找到配套的组装件和组装附件。把组装件按顺序安装在预留好的孔洞，组装件安装要平直、稳固（图2-5-2）。

3．组装件安插完成后，逐个安装柜体所需的立板、顶板、侧板、隔板、后背板、围板、腿板等（图2-5-3）。

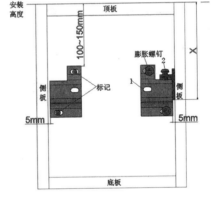

图2-5-3　组件安装示意

4．柜体组装完成后，用钢卷尺拉方整个柜体，用螺钉或组装件固定在正确的位置。必要时或不需要螺钉及组装件固定时，可用发泡胶代替固定在墙体上。

5．柜门扇安装。按门扇长短确定安装合页的数量和位置。定制家具一般会把合页安装孔设计到位并打好孔，可直接安装合页。安装合页时，先把合页放入合页孔内，用匹配的螺钉固定。不可用较长螺钉或不匹配螺钉固定，防止螺钉穿入太深伤到柜板表面。

合页安装完成后，把柜门扇固定在柜体框架上。利用合页调整柜门扇上下左右的缝隙。柜门扇留3～5mm缝隙，缝隙宽度必须一致。柜门扇要与柜体、柜框平行，不能有翘角或不平的现象（图2-5-4）。

6．拉手安装。确定好拉手位置后，打与拉手配套的螺钉孔。用螺杆连接

固定在拉手背面的钉口上，拉手螺杆
不要拧太紧，防止钉口打滑。拉手上
下要安装在同一垂直线上。

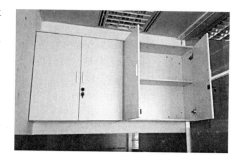

图 2-5-4 合页安装

三、安装质量通病与防治

质量通病：柜体不垂直，上下不
在一条水平线上。

1. 原因

安装时没有用测量垂直器具（水平仪、线锤、靠尺等），固定时有移动、
粗心大意，或框门扇缝隙宽窄、大小不一致等。

2. 防治方法

（1）柜体固定前，一定要用测量器具放垂直线和水平线，再确定安装位
置。可用木楔先临时挤压固定，等固定好螺钉或发泡胶干透稳固后，再取出木
楔。固定好后，再次用水平仪或线锤校验是否垂直水平。

（2）门扇安装好后，要依次调整上下左右的缝隙，眼观不一致时，可用
塞尺或钢卷尺测量缝隙大小，保证缝隙一致、美观。

四、质量标准

1. 主控项目

1）柜体垂直度、水平，门扇缝隙均匀，外形整洁、美观。

检验方法：观察、尺量检查，开关门扇检查。

2）拉手装饰线条流线安装整齐、平直。

检验方法：观察、尺量检查。

3）框体板材，框门板，五金件的材质、品种、规格、图案应符合设计要求。

检验方法：观察，检查产品合格证书、性能检测报告、进场验收记录和
复验报告。

4）橱柜制作与安装所有材料的材质和规格，以及木材的燃烧性能等级和
含水率、花岗石的放射性、人造木板的甲醛含量等，应符合设计要求及国家现
行标准的有关规定。

检验方法：观察，检查产品合格证书、进场验收记录、性能检测报告和
复验报告。

5）橱柜安装预埋件或后置埋件的数量、规格、位置应符合设计要求。

检验方法：检查隐蔽工程验收记录和施工记录。

6）橱柜的造型、尺寸、安装位置、制作和固定方法应符合设计要求。橱
柜安装必须牢固。

检验方法：观察，尺量检查，手扳检查。

7）橱柜配件的品种、规格应符合设计要求。配件应齐全，安装应牢固。

检验方法：观察，手扳检查，检查进场验收记录。

8）橱柜的抽屉和柜门应开关灵活、回位正确。

检验方法：观察，开启和关闭检查。

2. 一般项目

1）橱柜表面应平整、洁净、色泽一致，不得有裂缝、翘曲及损坏。

检验方法：观察。

2）橱柜裁口应顺直，拼缝应严密。

检验方法：观察。

3）橱柜安装的允许偏差和检验方法应符合表2-5-1的规定。

橱柜安装的允许偏差和检验方法　　　　　　　表2-5-1

项次	项目	允许偏差/mm	检验方法
1	外形尺寸	3	用钢尺检查
2	立面垂直度	2	用1m垂直检测尺检查
3	门与框架的平行度	2	用钢尺检查

4）关键控制点的控制见表2-5-2。

关键控制点的控制　　　　　　　表2-5-2

序号	关键控制点	主要控制方法
1	原材料采购和进场验收	1. 广泛进行市场调查 2. 胶合板、乳胶选购大厂生产的合格产品 3. 木料选用木质好、无腐朽的干燥方料，含水率不大于12%
2	木框架制作	1. 要保证壁柜、吊柜木框架方料的截面净尺寸符合图纸要求，下料时应预留出3～5mm刨光量 2. 木框架方料之间的连接必须采用榫卯连接
3	胶合板粘贴	白乳胶必须辊涂均匀，粘贴密实。粘好后即压制成型。现场的粘贴平台及压制平台必须水平，重物适当，保持自然通风

五、成品保护

1. 柜体板材、框门扇进场后，应码放整齐，上面不得放置重物。露天存放时，必须进行遮盖，保护各种材料不受潮、不变形、不霉变。

2. 柜门扇安装完成后，应注意家具周围湿度适宜、无灰尘。成品家具完成后，不能用湿抹布擦拭，防止柜体吸湿变形；也不可用较硬干抹布擦拭，防止划伤柜体板和柜门扇。

3. 有其他工种作业时，要适当加以掩盖，防止碰伤饰面板。

4. 对各种木方、夹板饰面板分类堆放整齐，保持施工现场整洁，绝不能将水、油污等溅于饰面板上。

六、质量记录

1. 材料的产品合格证书、性能检测报告。

2. 施工记录。

3. 检验批质量验收记录表。

4. 分项工程质量验收记录表。

5. 人造板甲醛含量复检报告。

参见各地具体要求，例如宁夏地区装饰工程，参见宁夏回族自治区的《建筑装饰装修工程施工质量验收规范实施标准》。

七、应注意的质量问题

1. 木龙骨要双面错开开槽，为了不破坏木龙骨的纤维组织，槽深不得大于一半龙骨深度。

2. 粘贴木夹板时，白乳胶必须辊涂均匀，粘贴密实，粘好后即压制成型，现场的粘贴平台及压置平台必须水平，重物适当，保持自然通风，避免日晒雨淋。

八、安全环保措施

1. 安全措施

（1）施工使用的电动工具及电气设备，均应符合国家现行标准《施工现场临时用电安全技术规范》JGJ 46—2005的规定。

（2）施工中使用的各种架子搭设符合安全规定。

2. 环保措施

（1）施工中的各种板材应符合现行国家标准《民用建筑室内环境污染控制规范》GB 50325—2010（2013年版）的规定。家具所使用的生态板、颗粒板，应有正规的环保检测报告。

（2）施工现场垃圾不得随意丢弃，必须做到工完场清，清扫时不得有扬尘。

（3）施工空间应尽量封闭，以防止噪声污染、扰民。

（4）废弃物应按环保要求分类堆放并及时清运。

3. 职业健康安全与环境管理

（1）危险源辨识及控制措施，见表2-5-3。

危险源辨识及控制措施 表2-5-3

序号	作业活动	危险源	主要控制措施
1	壁柜、吊柜制作与安装	漏电	1. 电器设备、工具必须安装漏电保护器； 2. 电器设备遇故障必须由专业电工处置； 3. 接线及线路布设必须符合安全用电要求； 4. 不使用破损电线，加强线路检查； 5. 用电设备金属外壳需可靠接地
2		机械伤害	1. 严格执行机械操作规程； 2. 不熟悉机械性能的人不允许操作机械； 3. 危险机械必须按规定设置保护装置，并由固定人员操作； 4. 对作业人员进行培训
3		高处坠落	1. 马凳或梯子必须结实牢固； 2. 梯子必须立稳，与地面夹角保持60°～70°； 3. 梯子底部必须设防滑拉脚绳； 4. 作业人员严禁穿拖鞋、带钉易滑鞋登高作业

注：表中内容仅供参考，现场应根据实际情况重新辨识。

(2) 环境因素辨识及控制措施，见表2-5-4。

环境因素辨识及控制措施 表2-5-4

序号	作业活动	环境因素	主要控制措施
1	壁柜、吊柜制作与安装 壁柜、吊柜制作与安装	噪声	1. 减弱、分散、隔离； 2. 在规定时间内作业
2		甲醛等有害气体的排放	1. 胶合板进场时必须有甲醛释放量检测报告或现场抽样检测； 2. 溶剂型木器涂料必须有有害物质限量检测报告或现场抽样检测； 3. 各种易挥发的防腐漆、油漆、稀释剂等用完要及时封盖严密
3		废弃物排放	1. 通过培训，提高全体作业人员的环保意识； 2. 建立乱扔废弃物的处罚制度； 3. 沾染了溶剂的棉纱、破布、砂纸、砂布和废弃的油刷、油桶、涂料及木方、胶合板的边角余料应分类分开临时存放。其中有挥发性的废物必须存放在带盖铁箱内； 4. 按地方环保要求，分类集中处理

注：表中内容仅供参考，现场应根据实际情况重新辨识。

第六节　任务六　家装卫生洁具、灯具安装施工

一、(子任务一) 家装卫生洁具及管道安装施工
(一) 家装卫生洁具及管道安装 (图2-6-1) 施工准备
1. 依据

装饰施工依据:《住宅装饰装修工程施工规范》GB 50327—2001、《卫生洁具工程施工质量验收规范》GB 50242—2002。

2. 技术要点概况分析

安装方法、拆卸维修、密封材料、成品保护、施工条件、防腐、水管安装左热右冷、产品说明。

3. 操作准备 (技术、材料、设备、场地等)

1) 技术准备

对安装人员进行书面技术交底。

2) 材料要求

(1) 卫生器具、各种阀门等应积极采用节水型器具。

(2) 卫生器具的品种、规格、颜色应符合设计要求并应有产品合格证书。

(3) 给排水管材 (件) 应符合设计要求并应有产品合格证书。

3) 主要机具

(1) 机具:激光水平仪、无齿锯、冲击钻、手枪钻等。

(2) 工具:手钳、扳手、平口/十字螺钉旋具、胶枪等。

(3) 计量检测用具:钢卷尺、水平尺。

(4) 安全防护用品:棉麻手套。

4) 作业条件

(1) 安装部位的墙、地面砖已铺贴完毕。

(2) 现场整洁,无障碍物。

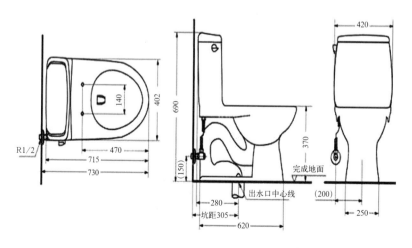

图 2-6-1　卫生洁具及管道安装

（二）主要施工工艺

1. 工艺流程

测量放线、弹线、分档→打孔→置入膨胀螺栓→安装→接缝处理→质量检验。

2. 施工工艺及要点

1）各种卫生设备与地面或墙体的连接应有金属固定件安装牢固。金属固定件应进行防腐处理。当墙体为多孔砖墙时，应凿孔填实水泥砂浆后再进行固定件安装。当墙体为轻质隔墙时，应在墙体内设后置埋件，后置埋件应与墙体连接牢固。

2）各种卫生器具安装的管道连接件应易于拆卸、维修。排水管道连接应采用有橡胶垫片的排水栓。卫生器具与金属固定件的连接表面应安置铅质或橡胶垫片。各种卫生陶瓷类器具不得采用水泥砂浆窝嵌。

3）各种卫生器具与台面、墙面、地面等接触部位均应采用硅酮胶或防水密封条密封（图2-6-2）。

4）各种卫生器具安装验收合格后应采取适当的成品保护措施。

5）管道敷设应横平竖直，管卡位置及管道坡度等均应符合规范要求。各类阀门安装应位置正确且平正，便于使用和维修。

图2-6-2 坐便器与地面接触部位应密封

6）嵌入墙体、地面的管道应进行防腐处理并用水泥砂浆保护，其厚度应符合下列要求：墙内冷水管不小于10mm、热水管不小于15mm，嵌入地面的管道不小于10mm。嵌入墙体、地面或暗敷的管道应做隐蔽工程验收。

7）冷热水管安装应左热右冷，平行间距不小于200mm。当冷热水供水系统采用分水器供水时，应采用半柔性管材连接。

8）各种新型管材的安装应按生产企业提供的产品说明书进行施工。

（三）施工主要通病与防治

质量通病：连接处漏水。

1. 原因：生料带匝数不足或连接软管内橡胶垫圈脱落。

2. 防治方法：安装前检查连接软管是否缺失部件，安装后做通水试验。

（四）质量标准

1. 卫生器具给水配件的安装高度，如设计无要求时，应符合表2-6-1的规定。

	卫生器具给水配件的安装高度		表2-6-1
项次	给水配件名称	配件中心距地面高度/mm	冷热水嘴距离/mm
1	架空式污水盆（池）水嘴	1000	—

项次	给水配件名称		配件中心距地面高度/mm	冷热水嘴距离/mm
2	落地式污水盆（池）水嘴		800	
3	洗涤盆（池）水嘴		1000	150
4	住宅集中给水嘴		1000	—
5	洗手盆水嘴		1000	—
6	洗脸盆	水嘴（上配水）	1000	150
		水嘴（下配水）	800	150
		角阀（下配水）	450	—
7	盥洗槽冷热水管上下并行	水嘴	1000	150
		其中热水嘴	1100	150
8	浴盆	水嘴（上配水）	670	150
9	淋浴器	截止阀	1150	95
		混合阀	1150	
		淋浴喷头下沿	2100	—
10	蹲便器（台阶面算起）	高水箱角阀及截止阀	2040	—
		低水箱角阀	250	—
		手动式自闭冲洗阀	600	—
		脚踏式自闭冲洗阀	150	—
		拉管式冲洗阀（从地面算起）	1600	—
		带防污助冲器阀门（从地面算起）	900	—
11	坐便器	高水箱角阀及截止阀	2040	—
		低水箱角阀	150	—
12	大便槽冲洗水箱截止阀（从台阶面算起）		≥2400	—
13	立式小便器角阀		1130	—
14	挂式小便器角阀及截止阀		1050	—
15	小便槽多孔冲洗管		1100	—
16	实验室化验水嘴		1000	—
17	女士卫生盆混合阀		360	—

2. 卫生器具安装

1) 主控项目

（1）排水栓和地漏的安装应平正、牢固，低于排水表面，周边无渗漏。地漏水封高度不得小于50mm。

检验方法：试水观察检查。

（2）卫生器具交工前应做满水和通水试验。

检验方法：满水后各连接件不渗不漏，通水试验给水、排水畅通。

2）一般项目

（1）卫生器具安装的允许偏差应符合表2-6-2的规定。

卫生器具安装的允许偏差和检验方法　　　　表2-6-2

项次	项目		允许偏差/mm	检验方法
1	坐标	单独器具	10	拉线、吊线和尺量检查
		成排器具	5	
2	标高	单独器具	±15	
		成排器具	±10	
3	器具水平度		2	用水平尺和尺量检查
4	器具垂直度		3	吊线和尺量检查

（2）有饰面的浴盆，应留有通向浴盆排水口的检修门。

检验方法：观察检查。

（3）小便槽冲洗管，应采用镀锌钢管或硬质塑料管。冲洗孔应斜向下方安装，冲洗水流同墙面成45°角。镀锌钢管钻孔后应进行二次镀锌。

检验方法：观察检查。

（4）卫生器具的支、托架必须防腐良好，安装平正、牢固，与器具接触紧密、平稳。

检验方法：观察和手扳检查。

3. 卫生器具给水配件安装

1）主控项目

卫生器具给水配件应完好无损伤，接口严密，启闭部分灵活。

检验方法：观察及手扳检查。

2）一般项目

（1）卫生器具给水配件安装标高的允许偏差应符合表2-6-3的规定。

（2）浴盆软管淋浴器挂钩的高度，如设计无要求，应距地面1800mm。

检验方法：尺量检查。

卫生器具给水配件安装标高的允许偏差和检验方法　　　　表2-6-3

项次	项目	允许偏差/mm	检验方法
1	大便器高、低水箱角阀及截止阀	±10	尺量检查
2	水嘴	±10	
3	淋浴器喷头下沿	±15	
4	浴盆软管淋浴挂钩	±20	

4．卫生器具排水管道安装

1）主控项目

（1）与排水横管连接的各卫生器具的受水口和立管均应采取妥善可靠的固定措施；管道与楼板的结合部位应采取牢固可靠的防渗、防漏措施。

检验方法：观察和手扳检查。

（2）连接卫生器具的排水管道接口应紧密不漏，其固定支架、管卡等支撑位置应正确、牢固，与管道的接触应平整。

检验方法：观察及通水检查。

2）一般项目

（1）卫生器具排水管道安装的允许偏差应符合表2-6-4的规定。

卫生器具排水管道安装的允许偏差及检验方法 表2-6-4

项次	检查项目		允许偏差/mm	检验方法
1	横管弯曲度	每1m长	2	用水平尺量检查
		横管长度≤10m，全长	<8	
		横管长度>10m，全长	10	
2	卫生器具的排水管口及横支管的纵横坐标	单独器具	10	用尺量检查
		成排器具	5	
3	卫生器具的接口	单独器具	±10	用水平尺和尺量检查
	标高	成排器具	±5	

（2）连接卫生器具的排水管管径和最小坡度，如设计无要求时，应符合表2-6-5的规定。

连接卫生器具的排水管管径和最小坡度 表2-6-5

项次	卫生器具名称		排水管管径/mm	管道的最小坡度/‰
1	污水盆（池）		50	25
2	单、双格洗涤盆（池）		50	25
3	洗手盆、洗脸盆		32~50	20
4	浴盆		50	20
5	淋浴器		50	20
6	大便器	高、低水箱	100	12
		自闭式冲洗阀	100	12
		拉管式冲洗阀	100	12

项次	卫生器具名称		排水管管径/ mm	管道的最小坡度/ ‰
7	小便器	手动、自闭式冲洗阀	40~50	20
		自动冲洗水箱	40~50	20
8	化验盆（无塞）		40~50	25
9	净身器		40~50	20
10	饮水器		20~50	10~20
11	家用洗衣机		50（软管为30）	25

检验方法：用水平尺检查。

（五）成品保护

1. 器具在搬运和安装时要防止磕碰。稳装后洁具排水口应用防护用品堵好，镀铬零件用纸包好，以免堵塞或损坏。

2. 在釉面砖、水磨石墙面剔孔洞时，宜用手电钻或先用小錾子剔掉釉面，待剔至砖底灰层处方可用力，但不得过猛，以免将面层剔碎或振成空鼓现象。

3. 洁具稳装后，为防止配件丢失或损坏，配件应在竣工前统一安装。

4. 安装完的洁具应加以保护，防止洁具瓷面受损或整个洁具损坏。

5. 通水试验前应检查地漏是否畅通，分户阀门是否关好，然后按层段分房间逐一进行通水试验，以免漏水使装修工程受损。

6. 冬季时，必须将各种洁具中的水放净，以免将洁具冻裂。

（六）应注意的质量问题

1. 蹲便器不平，左右倾斜。原因：稳装时，正面和两侧垫砖不牢，焦渣填充后没有检查，抹灰后不好修理，造成高水箱与便器不对中。

2. 高、低水箱拉、扳把不灵活。原因：高、低水箱内部配件安装时，三个主要部件在水箱内位置不合理。高水箱进水，拉把应放在水箱同侧，以免使用时互相干扰。

3. 零件镀铬表面被破坏。原因：安装时使用管钳。应采用平面扳手或自制扳手。

4. 坐便器与背水箱中心没对正，弯管歪斜。原因：画线不对中，便器稳装不正或先稳背箱后稳便器。

5. 坐便器周围离开地面。原因：下水管口预留过高，稳装前没修理。

6. 立式小便器距墙缝隙太大。原因：甩口尺寸、标高不准确。

7. 洁具溢水失灵。原因：下水口无溢水眼。

8. 管道堵塞：通水之前，将器具内污物清理干净，不得借通水之便将污物冲入下水管内，以免管道堵塞。

9. 卫生设备胀裂：严禁使用未经过滤的白灰粉代替白灰膏稳装卫生设备，避免造成卫生设备胀裂。

（七）应具备的质量记录

1. 产品合格证和检验报告。

2. 样板间检验鉴定记录。

3. 卫生器具安装分项工程质量检验评定。

4. 卫生器具通水、满水试验记录。

（八）安全、环保措施

1. 安全操作要求

1）使用电动工具时，应核对电源电压，遵守电器工具安全操作规程。

2）器具在搬运及安装中要轻拿轻放，以免造成人身伤害。

2. 环保措施

1）所有的附件、下脚料应集中堆放，并装袋清运到指定地点。

2）用于各种试验的临时排水应排入专门的排水沟。

二、（子任务二）灯具安装施工

（一）施工准备

1. 作业条件

1）灯具安装有关的建筑和构筑物的土建工程质量应符合现行的建筑工程施工质量验收规范中的有关规定。

2）灯具安装前建筑工程应满足：

（1）对灯具安装有妨碍的模板、脚手架必须拆除。

（2）顶棚、地面等抹灰工作必须完成，地面清理工作应结束，房门可以关锁的情况下安装。

3）在结构施工中配合土建已做好灯具安装所需预埋件的预埋工作。

4）安装灯具用的接线盒口已修好。

5）成排或对称及组成几何形状的灯具安装前应进行测量画线。

2. 材料要求

1）灯具：各种灯具的型号、规格必须符合设计要求和国家标准的规定。配件齐全，无机械损伤、变形、油漆剥落、灯罩破裂和灯箱歪翘等现象，各种型号的照明灯具应有出厂合格证、质量认证标志和认证证书复印件，进场时作验收检查并记录。

2）灯具导线：灯具配线严禁外露，灯具使用导线电压等级不低于交流500V，引向每个灯具的导线线芯最小不小于1.0mm²。

3）灯座：无机械损伤、变形、破裂等现象。

4）塑料（木）台：塑料台应有足够的强度，受力后无弯翘、变形等现象。木台应完整、无劈裂，油漆完好无脱落。

5）吊管：钢管作灯具吊管时，钢管内径不小于10mm，钢管壁厚不小于

1.5mm。

6）吊钩：固定花灯的吊钩，其圆钢直径不小于灯具吊挂销、钩的直径，不小于6mm。对于大型花灯、吊装花灯的固定及悬吊装置应按灯具重量的两倍做过载试验。

7）瓷接头：应完好无损，配件齐全。

8）支架：根据灯具的重量选用相应规格的镀锌材料作支架。

9）其他材料：白炽灯、荧光灯、镇流器、启辉器、吊盒、绝缘带、软塑料管、塑料胀管、木螺钉、螺栓、螺母、垫圈等。

3．主要机具

1）卷尺、小线、线坠、水平尺、铅笔、安全带等。

2）手锤、扎锥、剥线钳、扁口钳、尖嘴钳、丝锥、一字或十字螺钉旋具等。

3）台钻、电钻、电锤、工具袋、高凳等。

4）万用表、兆欧表等。

5）电烙铁、焊锡、焊剂、电工常用工具等。

（二）质量要求

1．常用灯具安装

质量要求符合《建筑电气工程施工质量验收规范》GB 50303—2015的规定，见表2-6-6。

<table>
<tr><td colspan="2" style="text-align:right">常用灯具安装表</td><td></td><td>表2-6-6</td></tr>
<tr><th>项次</th><th>序号</th><th>项目</th><th>允许偏差或允许值</th></tr>
<tr><td rowspan="6">主控项目</td><td>1</td><td>灯具的固定</td><td>第19.1.1条</td></tr>
<tr><td>2</td><td>花灯吊钩选用、固定及悬吊装置的过载试验</td><td>第19.1.2条</td></tr>
<tr><td>3</td><td>钢管吊灯灯杆检查</td><td>第19.1.3条</td></tr>
<tr><td>4</td><td>灯具的绝缘材料耐火检查</td><td>第19.1.4条</td></tr>
<tr><td>5</td><td>灯具的安装高度和使用电压等级</td><td>第19.1.5条</td></tr>
<tr><td>6</td><td>距地高度小于2.4m的灯具可接近裸露导体的接地或接零</td><td>第19.1.6条</td></tr>
<tr><td rowspan="7">一般项目</td><td>1</td><td>引向每个灯具的导线线芯最小截面积</td><td>第19.2.1条</td></tr>
<tr><td>2</td><td>灯具的外形，灯头及其接线检查</td><td>第19.2.2条</td></tr>
<tr><td>3</td><td>变电所内灯具的安装位置</td><td>第19.2.3条</td></tr>
<tr><td>4</td><td>装有白炽灯泡的吸顶灯具隔热检查</td><td>第19.2.4条</td></tr>
<tr><td>5</td><td>在重要场所的大型灯具的玻璃罩安全措施</td><td>第19.2.5条</td></tr>
<tr><td>6</td><td>投光灯的固定检查</td><td>第19.2.6条</td></tr>
<tr><td>7</td><td>室外壁灯的防水检查</td><td>第19.2.7条</td></tr>
</table>

2．专用灯具安装

质量要求符合《建筑电气工程施工质量验收规范》GB 50303—2015的规定，见表2-6-7。

专用灯具安装表　　　　　　　　　　表2-6-7

项次	序号	项目	允许偏差或允许值
主控项目	1	36V及以下行灯变压器和行灯安装	第20.1.1条
	2	游泳池和类似场所灯具的等电位连接，电源的专用漏电保护装置	第20.1.2条
	3	应急照明灯具的安装	第20.1.4条
	4	防爆灯具的选型及其开关的位置和高度	第20.1.5条
一般项目	1	36V及以下行灯变压器和行灯安装	第20.2.1条
	2	应急照明灯具光源和灯罩选用	第20.2.3条
	3	防爆灯具及开关的安装检查	第20.2.4条

（三）工艺流程

熟悉图纸→检查灯具→安装灯具→通电试运行。

（四）操作工艺

1. 熟悉图纸

灯具安装前应熟悉电气安装图纸，根据设计安装图纸作材料计划，灯具的型号、规格、数量要符合设计要求。

2. 检查灯具

1）各种灯具的型号、规格及外观质量必须符合设计要求和国家标准，并且厂家提供的技术文件中应有灯具组装、安装说明及合格证。

2）灯具的配线应齐全，无机械损伤、变形、油漆剥落、灯罩破裂、灯箱歪斜等现象。

3）灯内配线检查

（1）灯内配线应符合设计要求及有关规定，导线绝缘良好，无漏电现象。

（2）穿入灯箱的导线在分支连接处不得承受额外应力和磨损，多股软线的端头需盘圈、涮锡。

（3）灯箱内的导线不应过于靠近热光源，并采取隔热措施，灯具内配线应严禁外露。

（4）使用螺纹灯时，相线必须压在灯芯柱上。

（5）荧光灯接线按厂家提供的接线图正确接线。

4）特种灯具检查

（1）各种标志灯的指示方向正确无误。

（2）应急灯必须灵敏可靠。

（3）事故照明灯具应有特殊标志。

（4）供局部照明的变压器必须是双圈的，一次应装有熔断器；携带式局部照明灯具用橡套导线。

3. 安装灯具

1）一般要求

（1）安装电气照明装置一般采用预埋接线盒、吊钩、螺钉、膨胀螺栓或塑料塞等固定方法，严禁使用木楔固定。

（2）照明灯具在易燃结构、装饰部位及木器家具上安装时，灯具周围应采取防火隔热措施，并选用冷光源的灯具。

（3）安装在绝缘台上的电气照明装置，其导线的接头绝缘部分应伸出绝缘台的表面。

（4）电气照明装置的接线应牢固，电气接触应良好；需接地或接零的灯具非带电金属部分应有明显标志的专用接地螺钉。

（5）额定电压220 V金属灯具的保护接地要求：

①凡安装距地面高度低于2.4m的灯具，其金属外壳必须连接保护接地线；

②凡能进人的吊顶上安装一般及特殊用途的灯具，由于使用及维修不便，为了安全，灯具金属外壳应连接保护接地线；

③灯具的保护接地线应与灯具的专用接地螺钉可靠连接，其保护接地线截面应根据灯具的相线截面选择，当灯具相线截面小于1.5mm^{2}时，其保护线截面应使用不小于1.5mm^{2}的铜芯绝缘线。

（6）灯具固定应牢固可靠，每个灯具固定用的螺钉或螺栓不少于2个。

（7）当吊灯灯具重量大于3kg时，应采用预埋吊钩或螺栓固定。当软线吊灯灯具重量大于0.5kg时，应增设吊链或用钢管来悬吊灯具。

（8）采用钢管作灯具的吊杆时，钢管内径一般不小于10mm，壁厚不小于15mm。

（9）链吊式灯具的吊链应使用法兰盘、镀锌铁链或承载电线等配套产品。吊链灯的灯具不应受拉力，灯线必须与吊链编插在一起。

（10）软线吊灯的软线两端应做保护扣，两端芯线必须涮锡。

（11）带有自在器的软线吊灯，吊线应选用护套软线或套塑料软管保护，灯口应选用安全灯口。吊线垂直展开后灯具底部对地面距离应按图施工，图纸未明确时不低于0.8m。

（12）在潮湿及有腐蚀气体的地方安装木台时，应加设橡皮垫圈，木台四周刷一遍防水漆，再刷两遍白漆，以保持木质干燥。

（13）在保证灯具底座不露光及维修不损坏吊顶的情况下，为节省原材料，底座在φ250mm以上的灯具吸顶安装时可不加装木台。

（14）嵌入顶棚内的照明灯具安装应符合下列要求：

①灯具的灯头引线应选用与配管材质相同的金属软管或阻燃波纹管保护，保护软管长度不超过1m。

②灯头线保护软管的两端用软管专用接头分别与线管、灯头盒及灯具的箱罩、接线盒连接牢固。

③灯具应固定在专设的框架上，不应让吊顶龙骨承受灯具荷载。

2）塑料（木）台安装

在顶板上安装塑料（木）台前先将塑料（木）台的出线孔钻好。木台要求厚度不小于12mm，不腐朽。然后检查灯线回路是否正确。安装塑料（木）台时，将灯线从塑料（木）台的出线孔中穿出，将塑料（木）台紧贴住建筑物表面并对准灯头盒螺孔，用螺钉将塑料（木）台固定牢固。如果在圆孔板上固定塑料（木）台，应按图2-6-3施工。

弓板位置示意图　　　　　　弓板示意　　　　空心楼板用弓板安装圆木装法

图 2-6-3　塑料（木）台安装

3）灯座（平座式）安装：把从塑料（木）台出线孔甩出的相线（即来自开关的电源线）与平式灯座中心接线柱触点相连，把零线接到灯座螺口接线柱触点上，然后将灯座与塑料（木）台用螺钉固定好。应注意在接线时防止螺口及中心触点固定螺钉松动，以免发生短路故障。

4）白炽软线吊灯用吊线盒安装

（1）软线加工：软线吊灯安装前应根据图纸计算灯具数量及安装高度掐出灯线长度进行组装。首先将掐好的灯线两端涮锡，套上保护用的塑料软管，一端接好灯座（吊式），另一端穿上吊线盒的盒盖。由于吊线盒和灯座的接线螺钉不能承受灯具的重量，因此灯线在吊线盒盖和灯座内应打好结扣，使结扣处在吊线盒和灯座的出线孔处，之后准备进行现场安装。注意如果使用螺口灯座，相线应接于灯座的顶芯，零线应接于螺钉外皮。

（2）灯具安装：将从塑料（木）台甩出的接灯线留出适当的维修长度，削出线芯，然后穿入吊线盒的底座线孔内，将吊线盒底座用螺钉固定在塑料（木）台中心上。软线吊灯用胶质吊线盒，在潮湿处用瓷质吊线盒。将吊线盒盖内的灯头线与吊线盒底座的螺钉进行紧固，之后拧上盒盖，将吊灯放垂直，即安装完毕。

5）白炽软线吊灯用法兰盘安装

（1）软线加工：吊灯根据设计数量及安装高度掐好灯线长度进行组装，首先将掐好的灯线两端涮锡，套上保护用的塑料软管，一端接好灯座，另一端穿入法兰盘内打好结扣后准备进行现场安装。

（2）灯具安装：将从塑料（木）台甩出的接灯线留出适当维修长度，削出线芯，线芯应高出塑料（木）台的台面。首先将法兰盘内的吊灯软线在从塑料（木）台甩出的接灯线线芯上缠绕5圈，将接灯线芯折回压紧、涮锡后，用黏塑料带和黑胶布分层包扎紧密，将包好的接头调顺，扣于法兰盘内，法兰盘与塑料（木）台中心找正后用木螺钉固定即可。

6）白炽软线吊灯用自在器安装

（1）软线加工：首先根据灯具的安装高度及数量，把灯吊线全部预先掐好，应保证在吊线全部放下后，其灯泡底部距地面高度为0.8～1.1m。将吊线两端线芯削出，并进行涮锡，根据已掐好的吊线长度断取软塑料管，并将塑料管的两端管头剪成两半，其长度为20mm。然后把吊线穿入塑料管，把自在器穿套在塑料管上，将吊盒盖和灯座盖分别套入吊线两端，再将剪成两半的软塑料管端头紧密搭接，加热黏合。之后挽好保险扣，将灯座盖盖好，准备进行现场安装。

（2）灯具安装：安装前首先将塑料（木）台甩出的接灯线与吊线盒底座接线螺钉进行连接，并固定吊线盒底座，之后将已经组装好的吊盒内的灯线与吊线盒底座接线螺钉进行连接，拧紧吊线盒盖，将吊灯放垂直即安装完毕。

7）壁灯安装

用接线盒安装壁灯时，首先根据灯具的外形选择合适的塑料（木）台，把灯具摆放在上面，四周留出的余量要对称，然后用电钻在木台上开出线孔和安装孔，在灯具的底板上开安装孔。之后将灯具的灯头线从木台的出线孔中甩出，在接线盒内接头，并包扎严密，再将接头塞入盒内，把塑料（木）台对正接线盒，紧贴墙面，用螺钉将塑料（木）台直接固定在盒子耳朵上，调整塑料（木）台使其平整不歪斜。最后配好灯泡、灯伞或灯罩。安装在室外的壁灯应打泄水孔，木台与墙面之间应加胶垫。

8）普通白炽吸顶灯安装

首先将木台固定在顶棚的预埋件或盒子上。在吸顶灯安装前，需在灯具的底座与木台之间铺垫石棉板，之后将灯具与木台进行固定，无木台时可直接把灯具底板与建筑物表面用螺栓固定。然后进行灯具的接线，若灯泡与木台过近，灯泡与木台中间应有隔热措施（即铺垫3mm厚的石棉板或石棉布隔热），在灯位盒上安装吸顶灯。灯具木台应完全遮住灯位盒。

9）组合式吸顶花灯安装

（1）组合式吸顶花灯的组装（图2-6-4）

①首先将灯具的托板放平。如果托板为多块拼装而成的，就要将所有的边框对齐，并用螺钉固定，将其连成一体，然后按照说明书及示意图把各个灯头装好。

②确定出线和走线的位置，将瓷接头用螺钉固定在托板上。

③根据已固定好的瓷接头至各灯头的距离掐线，把掐好的导线削出线芯，盘好圈后进行涮锡，然后压入各个灯头。理顺各灯头的相线和零线，用线卡子分别固定后，按供电要求分别压入瓷接头。

图2-6-4　组合式吸顶
花灯安装

灯具组装完后，根据预埋的螺栓和灯头盒的位置，在灯具的托板上找出并用电钻开好安装孔和出线孔，准备进行现场安装。

（2）灯具安装：安装时把托板托起，将电源线与从组装灯具甩出的导线连接并包扎严密，把导线塞入灯头盒内，然后把托板的安装孔对准预埋螺栓，使托板四周和顶棚贴紧，用螺母将其拧紧，调整好各个灯口，并上好灯泡，悬挂好灯具的各种饰物即可。

10）组装式吊链荧光灯安装

（1）灯具组成：除灯管、启辉器和镇流器外，还有灯架、灯座和启辉器座等附件。

（2）灯具组装：根据灯具的安装高度进行组装，掐好灯具接线长度并进行两端涮锡。先将吊链挂在灯箱挂钩上。再把管座、镇流器和启辉器座安装在灯架的相应位置上，连接镇流器到一侧灯管的接线。然后连接启辉器座到两侧管座的接线，再用软线连接好镇流器及管座另一接线端，并由灯架出线孔穿出灯架，在灯架的出线孔处套上软塑料管以保护导线。导线与吊链插编在一起穿入法兰盘，应注意两根导线中间不应有接头，连接处均应挂锡。组装式吊链荧光灯在安装前集中加工，经通电试验后再进行现场安装。

（3）灯具安装：在建筑物顶棚上安装塑料（木）台，将吊盒或法兰固定在塑料（木）台中心。安装时将灯具导线与吊线盒或法兰盘内甩出的电源线进行连接。当在法兰盘内连接时，用黏塑料带和黑胶布分层包扎紧密，理顺接头，扣于法兰盘的中心，并固定法兰盘。将灯具的反光板用螺钉固定在灯箱上，调整好灯角，最后将灯管装上即可。

11）荧光吸顶灯安装

根据已敷设灯位盒的位置，确定荧光灯的安装位置。按灯位盒安装孔的位置，将荧光灯贴紧建筑物表面，荧光灯的灯箱应完全遮盖住灯头盒。在灯箱的底板上用电钻打安装孔，并在灯箱对着灯位盒的位置同时打进线孔。安装时，在进线孔处套上软塑料管保护导线，将电源线引入灯箱内，用螺钉固定灯箱，在灯箱的另一端应使用胀管螺栓固定，使其紧贴在建筑物表面上，并将灯箱调整顺直。灯箱固定后，将电源线压入灯箱的端子板上，把灯具的反光板固定在灯箱上，最后安装荧光灯管。

12）荧光吸顶灯在吊顶上的安装

（1）灯具组装：为了防止灯管掉下，应选用弹簧灯座，在安装镇流器时，要按镇流器的接线图施工，特别是附加镇流器不能接错，否则会损坏灯管。选用的镇流器、启辉器与灯管要匹配，不能随便代用，荧光灯的组装按说明书及组装接线图进行。

（2）灯具安装：荧光灯安装在吊顶上，轻型灯具应用自攻螺钉将灯箱固定在龙骨上；当灯具重量超过3kg时，不应将灯箱与吊顶龙骨直接连接，应使用吊杆螺栓与设置在吊顶龙骨上的固定灯具的专用龙骨连接；大（重）型的灯具专用龙骨应使用吊杆与建筑物结构相连接。灯箱固定后，将电源线压入灯箱内的瓷接头上，把灯具的反光板固定在灯箱上，并将灯箱调整顺直，最后把荧光灯管装好即可。

13）嵌入式灯具安装

（1）嵌入式灯具镶嵌在顶棚中，嵌入筒灯一般安装在吊顶的罩面板上。嵌入式灯具应采用曲线锯挖孔，灯具与吊顶面板应保持一致。其他小型灯具可安装在龙骨上，大型嵌入式灯具安装时则应采用在混凝土板中伸出支撑铁架、铁件相连接的方法。

（2）顶棚开孔：灯具安装前应熟悉灯具样本，了解灯具的形式及连接构造，以便确定埋件位置和开口位置大小。先以罩面板按嵌入式灯具开口大小围合成孔洞边框，此边框即为灯具连接点，大的吸顶灯可在龙骨上需要补强部位增加附加龙骨，做成圆开口或方开口。

（3）灯具安装：在吊顶安装后，根据灯具的安装位置进行弹线，确定灯具支架固定点位置。

①轻型灯具可以直接固定在主龙骨上。

②大型灯具（设计要求做承载试验的）在预埋螺栓、吊钩、吊杆或吊顶上嵌入式安装专用骨架等物件上安装时，应全数按两倍于灯具的重量做承载试验，并填写大型照明灯具承载试验记录表。目的是检验其固定程度是否符合设计要求，同时也为了使用安全。注意应根据灯具的安装位置，用预埋件或胀管螺栓把支架固定牢固。

③重量超过3kg的大型嵌入式灯具，在楼板施工时就应把预埋件埋好，埋件的位置要准确。

④灯具支架固定后，将灯箱用螺钉固定在支架上，再将电源线引入灯箱与灯具的导线连接并包扎紧密。调整各个灯口和灯脚，装上灯泡或灯管。灯具的电源线不应贴近灯具外壳，接灯线长度要适当留有余量。最后调整灯具，安装灯罩，调整灯具的边框至与顶棚面的装修直线平行即可。

（4）嵌入顶棚内灯具安装应注意下列要求：

①灯具应固定在专设的框架上，电源线不应贴在灯具外壳、灯线应留有余量。

②灯罩的边框应压住罩面板或遮盖面板的板缝，并应与顶棚面板贴紧。矩形灯具的边框边缘应与顶棚面的装修直线平行。如灯具对称安装时，其纵横中心轴线应在一条直线上，偏斜不应大于5mm。

③多支荧光灯组合的开启式灯具，灯管排列应整齐，灯内金属间隔片或隔栅安装也应排列整齐，不应有弯曲、扭斜等缺陷。

14）吊杆灯安装

（1）灯具组成：吊杆、法兰、灯座或灯架。白炽灯出厂前已是组装好的成品，而荧光吊杆灯需要进行组装。采用钢管作灯具的吊杆时，钢管内径一般不小于10mm。

（2）灯具组装：白炽灯软线加工后，与灯座连接好，将一端穿入吊杆内，由法兰穿出，导线露出吊杆钢管的长度不应小于150mm，即可准备现场安装。

（3）灯具安装：先固定木台，然后把灯具用木螺钉固定在木台上。超过3kg的灯具，吊杆应吊挂在预埋的吊钩上。灯具固定牢固后再拧紧法兰，应使法兰在木台中心，偏差不大于2mm。安装好的吊杆应垂直，双杆吊杆荧光灯安装后双杆应平行。

15）吊式花灯安装

（1）吊式花灯组装：首先按照从灯具本身接线盒到各个灯头的距离掐线，将掐好的导线从各个灯头穿到灯具本身的接线盒内，然后把与灯头连接的导线一端盘圈、涮锡后压在各个灯头接线柱上。导线另一端涮锡，在接线盒内理顺各个灯头的相线和零线，根据相序分别连接、包扎并甩出电源引入线，从吊杆中穿出。

（2）吊式花灯安装：固定花灯的吊杆，其圆钢直径不小于灯具吊挂销钉的直径，且不小于6mm。将组装好的灯具托起，并把预埋的吊杆插入灯具内，把吊挂销钉插入后将其尾部摆开，成燕尾状，将其压平，导线接头包扎严密理顺后，向上推起灯具上部的扣碗，将接头扣于其内，并将扣碗紧贴顶棚，拧紧固定螺钉，调整各个灯口，安装好灯泡、灯罩。

（3）大型花灯采用专用绞车悬挂固定并符合下列要求：

①绞车的棘轮必须有可靠的闭锁装置。

②绞车的钢丝绳抗拉强度不小于花灯重量的10倍。

③当花灯放下时，钢丝绳的长度距地面或其他物体不得小于200mm，且灯线不应拉紧。

④吊装花灯的固定及悬吊装置应做两倍的过载起吊试验。

⑤安装在重要场所的大型灯具的玻璃罩应有防止其碎裂后向下溅落的措施。除设计另有要求外，一般可用透明尼龙编织的保护网，网孔的规格应根据实际情况确定。

16）特种灯具的安装

（1）行灯安装：

①电压不得超过36V。

②灯体及手柄应绝缘良好，坚固，耐热、耐潮湿。

③灯头与灯体结合紧密，灯头应无开关。

④灯泡外部应有金属保护网。

⑤金属网、反光罩及悬吊挂钩应固定在灯具的绝缘部分上。在特别潮湿场所或工作地点狭窄、行动不便的场所（如在锅炉内、金属容器内工作），行灯电压不得超过12V。

（2）携带式局部照明灯具的导线用橡套软线。

（3）金属卤化物灯安装：灯具安装高度在5m以上；电源线经接线柱连接，不得使电源线靠近灯具的表面；灯管必须与触发器和限流器配套使用。

（4）投光灯的底座应固定牢固，按需要的方向将驱轴拧紧固定。

（5）事故照明的线路和白炽灯泡功率在100W以上密封安装时应使用耐温线。

（6）36V及以上照明变压器安装：

①变压器应采用双圈的，不允许采用自耦变压器。

②电源侧应有短路保护，其熔丝的额定电流不大于变压器的额定电流。

③外壳、铁芯和低压侧应接保护地线。

4．通电试运行

灯具安装完毕，各个支路的绝缘电阻遥测合格，允许通电试运行。公用建筑照明系统通电连续运行时间为24h，民用住宅照明系统通电连续试运行时间为8h。所有照明灯具均应开启，且每2h记录运行状态1次，连续运行时间内无故障。同时检查灯具的控制是否灵活、准确，开关与灯具控制顺序是否相对应，如果发现问题必须断电，然后查找原因进行修复。

（五）应注意的质量问题

1．成排灯具中心线偏差超出允许范围。在确定成排灯具的位置时，必须拉线，最好拉十字线。

2．木台固定不牢，与建筑物表面有缝隙。木台直径在75～150mm时，应用两个螺钉固定，木台直径在150mm以上时，应用三个螺钉呈三角形固定。

3．法兰盘、吊盒、平灯口不在塑料（木）台的中心线上，其偏差超过1.5mm。安装时应先将法兰盘、吊盒、平灯口的中心线对正塑料（木）台的中心。

4．吊链。日光灯的吊链选用不当，应进行更换。带罩或双管日光灯，以及单管无罩日光灯应使用镀锌吊链。

5．采用木结构明（暗）装灯具时，导线接头和普通塑料导线裸露，应采取防火措施，导线接头应放在灯头盒内或器具内，塑料导线应改用护套线进行敷设，或放在阻燃型塑料线槽内进行明配线。

6．各类灯具的适用场所和安装方法，应参考生产厂家提供的安装示意图和说明书。何种灯具不采用木台直接安装在结构上，应由设计确定。在接地范围内安装的金属外壳灯具，灯具本体上应设有专用接地螺栓。

（六）成品保护

1．灯具进入现场后应码放整齐、稳固，并要注意防潮，搬运时应轻拿轻放，以免碰坏表面的镀锌层、油漆及玻璃罩。

2．安装灯具时不要碰坏建筑物的门窗及墙面。

3．灯具安装完毕，不得再次喷浆，以防止器具被污染。

（七）应注意的安全问题

1．安装较重的灯具，必须搭设脚手架操作。安装在重要场所的大型灯具的玻璃罩应有防止其碎裂后向下溅落的措施。除设计另有要求外，一般可用透明尼龙编织的保护网，网孔的规格应根据实际情况决定。

2．使用梯子靠在柱子上工作，顶端应绑牢。在光滑坚硬的地面上使用梯凳时，必须考虑防滑措施。

3. 使用人字梯必须坚固，距梯脚40~60mm处要设拉绳，防止劈开；不准站在梯子最上一层工作；梯凳上禁止放工具、材料。

4. 高空作业无防护设施时，必须系安全带并拴在牢固部位上。

5. 在吊顶房间施工时，现场严禁吸烟和用火。顶棚内如有暗灯，灯位四周应加防火材料，防止起火。

第七节　任务七　家装工程门的装饰施工

（一）施工准备

1. 依据

装饰施工依据：《建筑装饰装修工程质量验收标准》GB 50210—2018。

2. 技术要点概况分析

木门框、扇、五金安装及收口，与面层的安装处理方法。

3. 操作准备（技术、材料、设备、场地等）

1）技术准备

图纸已通过会审与自审，若存在问题，则问题已经解决；门洞口的位置、尺寸与施工图相符，按施工要求做好技术交底工作。

2）材料要求

（1）木门的材料或框和扇的规格型号、木材类别、选材等级、含水率及制作质量均须符合设计要求（图2-7-1），并且必须有出厂质量合格证、性能及环保检测报告等质量证明文件。

（2）防腐剂、油漆、木螺钉、合页、插销、梃钩、门锁等各种小五金必须符合设计要求。

3）主要机具

（1）机具：激光标线仪。

（2）工具：电锯、电刨、电锤、锯、锤子、斧子、扁铲、塞尺、电钻、小电锯等。

图 2-7-1　木门成品

（3）计量检测用具：墨斗、水准仪、靠尺、钢卷尺、水平尺、楔形塞尺、线坠等。

（4）安全防护用品：安全帽等。

4）作业条件

（1）各种材料品种、规格、颜色，以及木门构造、固定方法，均应符合设计要求。

（2）安装前先检查门框和门扇有无翘扭、弯曲、窜角、劈裂、榫槽间结合处松散等情况。并要注意防止碰撞和受潮。

（3）室内弹出+50cm标高线。

（4）做好隐蔽工程和施工记录。

（二）主要施工方法与操作工艺

1. 工艺流程

测量放线、弹线→安装门框→门扇安装→门套线安装→门五金安装→质量检验。

2．施工工艺及要点

1）测量放线、弹线

根据室内弹出+50cm标高线及施工图纸设计标高，利用红外线放线仪在原有结构墙体上下及两边基体的相接处，按木门安装宽度、高度弹线。要求弹线清楚，位置准确。

2）安装门框

根据木门的尺寸、标高、位置及开启方向，在墙上画出安装位置线。门框的安装标高，以墙上弹的+50cm标高水平线为准，用木楔将框临时固定于洞口，为保证相隔框的平直，应在门框下边拉小线找直，并用红外线放线仪将水平线引入洞内作为立框时的标准，再用线坠校正垂直。

门框装配连接处应严密、平整，固定配件应锁紧；门套与墙之间缝隙用发泡胶双面密封，发泡胶应涂匀，干后应切割平整。

3）门扇安装

量出樘口净尺寸，考虑留缝宽度。确定门扇的高、宽尺寸，先画出中间缝处的中线，再画出边线，并保证樘宽一致，四边画线。

试装门扇时，应先用木楔塞在门扇的下边，然后再检查缝隙，合格后画出合页的位置线，剔槽装合页。合页剔好槽后，即安装上下合页。安装时应先拧一个螺钉，然后关上门检查缝隙是否合适、框与扇是否平整，无问题后方可将螺钉全部拧紧。

门扇安装后，应平整、垂直，门扇与门套外露面相平；门扇开启无异响，门扇关严后与密封条结合紧密，不摆动，开关灵活自如。门套与门扇间缝隙：下缝为6mm，其余三边为2mm，所有缝隙允许公差0.5mm（图2-7-2）。

图2-7-2　门扇安装

4）门套线安装

套线安装应均匀涂胶、与门套、墙体固定，套线接口处应平整、严密、无缝隙。套线与墙体间如有缝隙，应用密封胶填缝处理。安装后同侧套线应该在同一个水平面，墙体不平时，必须保证套线接口平整。套线安装的弯度允许公差在1mm以内。

5）门五金安装

五金安装应符合设计图纸的要求，不得遗漏，一般门锁、碰珠、拉手等距地高度为95～100cm，插销应在拉手下面。

门锁安装应紧固，开锁自如无异响，开槽应准确、规范，大小与锁体、锁片一致。配件安装齐全，固定螺钉均应装全、平直。门吸、闭门器、拉手等均应安装在指定位置，安装牢固，固定螺钉均应装全、平直，装后配件效果良好。

6）质量检验

门安装位置、门框扇、门套线、五金配件安装检查验收。

（三）施工质量通病与防治

1. 门框变形

1）原因：门框制作好后，边梃、上下槛、中贯档发生弯曲或者扭曲、反翘，门框立面不在一个平面内。立框后，与门框接触的抹灰层挤裂或脱落，或边梃与抹灰层脱开。轻者门扇开关不灵活，重者门扇关不上或关上拉不开，无法使用。

2）防治方法：将变形严重的框料取下，重新安装，直至符合设计要求。

2. 门扇翘曲

1）原因：

(1) 门扇立面不在同一个平面内。

(2) 门扇安装后关不平，插销插不进销孔内。

2）防治方法：

(1) 调整合页在门框立梃上的横向位置，使门扇上销或插销的一边与框平齐。

(2) 扇与框过紧部分进行修整。

(3) 用门锁或插销对翘曲门扇进行校正。

（四）质量标准

1. 主控项目

1）木门的材质等级、规格、尺寸、开启方向、安装位置及连接方式、框扇的线性及人造板的甲醛含量应符合设计要求。

检验方法：观察，检查产品合格证、进场验收记录、性能检测报告和复验报告。

2）木门框的安装必须牢固。木门框固定点的数量、位置及固定方法应符合设计要求。

检验方法：用手推拉和观察检查、尺量检查，检查隐蔽和验收记录。

3）木门扇必须安装牢固，并应开关灵活，关闭严密，无倒翘。

检验方法：观察检查，开启和关闭检查，手扳检查。

2. 一般项目

1）木门表面应洁净，不得有刨痕、锤印。

检验方法：观察。

2）木门的割角、拼缝应严密平整。门窗框、扇裁口应顺直，刨面应平整。

检验方法：观察、尺量检查。

3）木门上槽、孔应边缘整齐，无毛刺。

检验方法：观察检查。

4）木门与墙体缝隙的填嵌材料应符合设计要求，填嵌应饱满。寒冷地区外门（或门框）与砌体间的空隙应填充保温材料。

检验方法：轻敲门框检查、检查隐蔽工程验收记录和施工记录。

5）允许偏差项目：木门加工制作的允许偏差和检验方法应符合表2-7-1表的规定。

木门加工制作的允许偏差和检验方法　　　　　　表2-7-1

项次	项目	构件名称	允许偏差/mm		检验方法
			普通	高级	
1	翘曲	框	3	2	将框、扇平放在检查平台上，用塞尺检查
		扇	2	2	
2	对角线长度	框、扇	3	2	用钢尺检查
3	表面平整度	扇	2	2	用1m靠尺和塞尺检查
4	高度、宽度	框	0；−2	0；−1	用钢尺检查
		扇	+2；0	+1；0	
5	裁口、线条结合处高低差	框、扇	1	0.5	用钢尺和塞尺检查
6	相邻棂子两端间距	扇	2	2	用钢尺检查

（五）成品保护

1. 安装过程中，须采取防水防潮措施。

2. 调整修理时不能硬撬，以免损坏门和小五金。

3. 安装工具应轻拿轻放，以免损坏成品。

4. 已装门框的洞口，不得再作运料通道；如必须用作运料通道时，必须做好保护措施，不得碰撞，确保墙面不受损坏和污染。

（六）应注意的质量问题

1. 木门的材料或框和扇的规格型号、木材类别、选材等级、含水率及制作质量均须符合设计要求，且必须有出厂合格证。

2. 木门框、扇等切割尺寸掌握不好：没按实物去测量尺寸，裁割后不符合安装要求，过大或过小。

3. 尼龙毛条、橡胶条丢失或长度不到位。密封材料应按设计要求选用，丢失后及时补装。

4. 橡胶压条选型不妥，造成密封效果不好。密封橡胶条易在转角处脱开，应在密封条下边刷胶，使之与玻璃及框扇结合牢固。

5. 合页不平，螺钉松动，螺帽斜露，缺少螺钉：合页槽深浅不一，安装时螺钉钉入太长，或倾斜拧入。拧时不能倾斜，同时应注意每个孔眼都拧好螺钉，不可遗漏。

6. 门开关不灵、自行开关：主要原因是门安装的两个合页轴不在一条直线上；安装合页的一边门框立梃不垂直；合页进框较多，扇和框产生碰撞，造成开关不灵活。要求装扇前先检查门框立梃是否垂直，须选用合适五金，螺钉安装要平直。

（七）质量记录

参见各地具体要求。

（八）安全环保措施

1. 安全操作要求

1）安装门用的梯子必须结实牢固，不应缺档，不应放置过陡，梯子与地面夹角以60°～70°为宜。严禁两人同时站在一个梯子上作业。高凳不能站在其墙头，防止跌落。

2）严禁穿拖鞋、高跟鞋、带钉易滑鞋或光脚进入施工现场，进入现场必须戴安全帽。

3）材料要堆放平稳。工具要随手放入工具袋内，上下传递物件、工具时不得抛掷。

4）电器工具应安装触电保护器，以确保安全。

2. 环保措施

1）施工用的各种材料应符合现行国家标准《民用建筑工程室内环境污染控制规范》GB 50325—2010（2013年版）的规定。

2）施工现场必须工完场清。不能扬尘、污染环境。

3）有噪声的电动工具应在规定的作业时间内施工，防止噪声污染、扰民。

4）废弃物应按环保要求分类堆放，并及时清运。

3

第三章 家装工程验收

第一节 家装工程施工质量初验

一、家装初验应具备的条件

装修公司承包业主的家庭居室装修工程，按合同完成所列各项装修后，即可着手准备邀请用户来验收。进行竣工验收必须具备以下条件：

1. 按合同所列装修项目已全部竣工。
2. 装修场地清理干净。
3. 用户自购材料的余料整理并清点完毕。
4. 涂料、油漆等已经干燥。
5. 墙面贴的釉面砖、地面贴的地砖已经稳固。
6. 卫生洁具可以使用。
7. 采暖、通风设备可以运转使用。
8. 灯具可以使用。

二、家装常见质量病变与验收

（一）木制品起泡变形

在潮湿闷热的夏季，装修的关键是防潮。如果防潮工作处理不好，到了干燥的季节，木材、板材容易变形、起翘，所以木工验收在夏季装修中比较重要。

重点验收：门套吸水受潮后，一般都反映在底部，会出现漆面起泡、发胀和变形等情况。如果门套只是发胀，与门框间的缝隙变大，用玻璃胶重新密封即可。如果门套变形严重，影响门的正常开关，就要重新更换门套。如果是漆面起泡，就需要对门套进行打磨，并重新刷漆。

其他验收：木工活是否直平，表面是否平整，有没有起鼓或破缺。柜门开关是否正常，开启时应操作轻便、没有异声；固定的柜体与墙部一般应没有缝隙；衬板与面板必须粘接牢固。

提示：木制品在雨期或淋雨后，都会出现起泡变形。窗台上如果采用木制品，要仔细检查是否有积水通过木料或者其与墙体间的缝隙渗透到窗台下面。

（二）地板龙骨松动

在铺装地板时，缝隙应较以往安排得更加紧密，以避免在气温降低时缝隙变大而影响美观。

重点验收：验收时在地板上来回走动，特别是靠墙部位和门洞部位要多注意验收，发现有声响的部位，要重复走动，确定声响的具体位置，做好标记。碰到这种情况，可以要求拆除重铺。有声响主要体现是地龙骨固定不牢固所致。有些装修施工单位用未经烘干的地龙骨施工，表面上看有烘干的痕迹，其实未干。含水率高的地龙骨，在木料自然干燥过程中体积会缩小，造成松动。

提示：实木地板首先要看地板的颜色是否一致。如果色差太大，影响美观，可以要求调换。其次看地板是否变形、翘曲，验收的方法是用2m长的直尺，靠在地板上，平整度误差不应大于3mm。

（三）瓷砖空鼓变色

重点验收：检查瓷砖主要看是否有空鼓，如果地砖空鼓过多，长期使用以后就会逐渐被踩碎，既影响美观，又影响使用。瓷砖的空鼓主要因为铺地砖的水泥砂浆水分太多，水泥砂浆里的水分挥发以后，地砖下面的砂浆就会塌下去，砖就会出现空鼓。还要检查瓷砖是否变色。如果发现瓷砖变色，除瓷砖质量差、轴面过薄外，施工方法不当也是重要因素。有可能在施工中浸泡瓷砖的水有问题，或者贴砖用的水泥砂浆不好，变色较大的瓷砖要立即更换。

其他验收：验收时要确保砖面平正、没有倾斜的现象，以及检查砖面是否有破碎现象，瓷砖方向是否正确，花砖和腰线位置是否正确。一般局部空鼓不得超过总量的5%。

提示：雨季铺贴的时候要尽量把缝隙留得小一些，因为潮湿时瓷砖本身有一定的膨胀，在干燥的季节还会收缩一些。

（四）墙面裂纹发霉

夏季、冬季室内温差大，如果装修不慎重，容易出现缝隙等。

重点验收：夏季乳胶漆干得慢，在潮湿天气中会发霉。墙体发霉有两方面原因：第一，墙面基础受潮发霉；第二，抹腻子的时候没有等腻子干透就刷涂料引起发霉。如北京墙壁出现裂纹是正常的现象，主要原因是室内保温板之间的接缝会产生板缝裂纹，在墙壁开槽铺设电线电缆的线槽补灰以后出现收缩裂纹，以及抹灰刮腻子不均匀出现应力裂纹等。

其他验收：墙面乳胶漆没有空鼓、起泡、开裂现象。一般乳胶漆严禁脱皮、漏刷、透底，要求大面无流坠、皱皮，表面颜色一致，无明显刷痕。

提示：装修施工时墙面出现裂缝是一个最为普遍的现象。可能刚装修完还看不出来，在季节、气候变化时尤为明显，需要装修公司后期维护和修补。

（五）油漆泛白

重点验收：家具要仔细看是否有泛白起雾现象。这是因为雨天刷漆造成的。木制品表面在雨天时会凝聚一层水汽，这时刷漆，水汽会包裹在漆膜里，使木制品表面浑浊不清；如果雨天刷清漆，可能会出现泛白的现象。

其他验收：验收家具油漆时混油的表面应平整饱和，确保没有起泡、没有裂缝，而且油漆厚度要均衡、色泽一致。木制家具的涂漆质量通常看其是否有色差及流坠现象，表面应清晰光滑，且没有刺激性气味。

提示：油漆施工时应尽量避免在下雨天作业，即使不是下雨天施工，在特别潮的环境中刷漆时，也要用干燥剂或除湿机，抽走空气中的水分，降低湿度。墙体施工完以后，马上做靠墙的柜子也会造成柜子受潮。

（六）做好封边，防止污染

当温度升高、湿度增大时，装修材料的污染会更严重。在夏天施工的过程中，施工现场挥发出来的VOC（挥发性有毒化合物）会比冬天更多，所以夏天的室内装修污染更严重。装修后有害气体的挥发是一个长期的过程，甚至有一些污染源在15年后还在不断地散发。苯半年左右就挥发了，但是甲醛如在胶里面，完全挥发可能要十几年。

重点验收：一定要仔细检查板材是否做好封边。所有的封边都要求用封边线条封闭，这样游离性甲醛就不易挥发出来。定制家具经常会有层板，而层板里面会钻孔，这个孔就会往外挥发甲醛，因此应该在钻孔的位置提供"盖帽"，将其封闭。

提示：在装修中难免会有一些有毒有害气体，装修完工后一定要注意每天多开窗通风。装修后，业主可以请专业机构对室内环境进行检测。一旦出现装修环保不达标的问题，装修公司就不能进行工程交付验收。

（七）排水管道应畅通

卫生间冷热水开关、水嘴和花洒安装平正，使用灵活方便。查看水流是否随水节门开启大小而变化，地漏有没有堵塞。排水管道应畅通，无倒坡、无堵塞、无渗漏，地漏箅子应略低于地面。验收时反复将水注满后排放，查看排水是否通畅。

厨房和厕所的地面防水层四周与墙体接触处，应向上翻起，高出地面不少于250mm。地面面层流水坡向地漏，不倒返水，不积水，24h蓄水试验无渗漏。

（八）反复试验灯开关

电气工程应进行必要的检查和试验。如灯具试亮、开关试控制等。反复开关几次，观察灯具是否全部亮着。开关插座面板应安装牢固、位置正确、盖板端正、表面光洁、紧贴墙面、四周无孔隙。同一房间内开关或插座高度应一致。工程竣工时应向施工单位索要配线竣工简图，标明导线规格及暗管走向。

第二节 家装工程竣工节点验收

一、竣工验收条件

装修公司承包业主的家庭居室装修工程，按合同完成所列各项装修后，即可着手准备邀请用户来验收。

（一）进行竣工验收必须具备的条件

1. 按合同所列装修项目已全部竣工。

2. 装修场地清理干净。

3. 用户自购材料的余料整理并清点完毕。

4. 涂料、油漆等已经干燥。

5. 墙面贴的釉面砖、地面贴的地砖已经稳固。

6. 卫生洁具可以使用。

7. 采暖、通风设备可以运转使用。

8. 灯具可以使用。

9. 已经物业管理部门检查，确认装修工程未损害主体结构，用户已收回主体结构安全保证金。

（二）参加竣工验收的人员

用户及其代理人、装修公司的技术负责人、质量检查员、施工队长（或工长）、合同定额员等。

验收时用户应携带装修工程合同、工程变更签证单、隐蔽工程验收记录、钢卷尺等检测工具，还应事先学习一点装修工程质量方面标准的知识。

装修公司有关人员应携带装修合同、工程变更签证单、隐蔽工程验收记录、竣工验收记录以及需要用的检验工具等；质量检查员应携带有关装修工程质量标准。

二、家装竣工验收的步骤

（一）盘点各种项目

用户与装修公司共同按装修工程合同及工程变更签证单上所列的装修项目进行逐项逐件清点，看所列项目内容是否全部完工，没有彻底完工的项目则不予验收。

主要装修项目，如墙面、地面、门窗等未彻底完工，则应延期进行竣工验收。

（二）环保验收

在进行竣工验收时，首先要检查环保是否达标。看屋内是否有令人刺鼻、刺眼的感觉，如果有这种不适反应，最好尽快请具备国家CMA及CAL认证的专业检测机构对居室进行空气质量检测。在做检测时，要注意不在装修公司施工范围内的产品不要进入现场，以免出现空气质量问题时双方发生纠纷。

（三）检查装修质量

先检查材料品种、规格等，再仔细察看外观质量，然后用检验工具测量偏差值。对照相应装修项目的质量标准，判定该项目是否达到要求，合格者方能验收。各项目所用材料品种、规格等必须符合设计要求，不符合设计要求者必须返工重做。外观质量达不到质量标准的，双方可商议进行修整或局部返工。检查中凡超过规定偏差值的检查点数，不超过总检查点数项目的30%，应判定为合格，可以验收；若超过30%者，则判该项目为不合格，应加以修整或局部返工，然后验收。

（四）签署竣工验收单

双方根据各装修项目的检查结果，逐项填写竣工验收单。其内容包括装修项目名称、工程量及质量评定。在竣工验收单中"评定为不合格项目的处理办法"一栏应由双方商议决定，注明装修公司应负责修整或返工重做；对于难以修整或返工而造成永久缺陷者，装修公司应负责赔偿。

（五）收回余料

竣工验收工作结束后，用户应将自购材料的余料点清收回，以备日后装修出现损坏时修补使用。对于有保存期限的材料，业主如不愿保存可与装修公司商议折价处理，也可另行处理。

三、家庭居室装饰工程质量验收标准

本标准为北京市地方标准，一般情况下应该根据《建筑装饰装修工程质量验收标准》GB 50210—2018进行验收。

（一）为规范家庭居室装饰市场，提高家庭居室装饰工程质量，维护消费者利益，制定本标准。

（二）本标准适用于一般家庭居室内装饰工程的质量验收。

家庭居室室内装饰工程质量验收宜分阶段进行，随工程施工进度先做好基层和隐蔽工程验收，再进行面层和竣工验收。

考虑一般住户对工程规范了解较少，缺少检测工具，标准以定性、目测、文字说明为主，便于住户掌握，为家庭居室装饰工程质量验收提供依据。

（三）家庭居室装饰的设计和施工除应符合本标准外，尚应符合国家、行业和地方的有关安全、防火、环保、建筑、电气、给水排水等现行标准、规范的规定。

（四）承揽家庭居室装饰的设计、施工单位，应具备资质证书和营业执照，施工人员应按规定持证上岗，其中燃气管道必须由具有燃气安装资质的单位安装。

（五）家庭居室装饰要保证建筑结构的安全，严禁拆改、损坏主体和承重结构：

1. 不得在承重墙、抗震墙上开洞。

2. 不得任意扩大原有门窗洞口。

3. 不得任意增加楼面荷载。

4. 不得任意填充、加厚阳台地面。

5. 不得任意凿剔楼、顶板。

6. 不得拆除挑阳台上的窗下墙。

涉及建筑主体和承重结构变动的装饰工程，应经原设计单位书面同意，并由设计单位提出设计方案。家庭居室装饰如需要更改给水排水管线、供暖设施及燃气设施等，必须取得房管部门的书面同意。

（六）家庭居室装饰所用的主要材料及设备，应按设计文件和合同规定选用，产品质量应符合有关标准的规定。

节点验收是家庭装修过程管控的重要环节，严格执行节点验收，才能有效保证整体工程质量。家装节点验收可分为给排水工程质量验收、电气工程质量验收、泥瓦工程质量验收、木作工程质量验收、涂饰基层工程质量验收、乳胶漆工程质量验收（图3-2-1~图3-2-4）。节点验收应以表格的方式呈现，其具有简便、易操作的优点，见表3-2-1~表3-2-6。

图3-2-1　节点验收（1）
图3-2-2　节点验收（2）

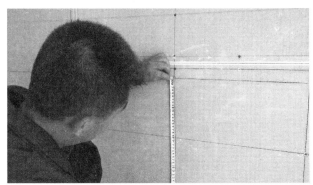

图3-2-3　节点验收（3）
图3-2-4　节点验收（4）

序号	验收标准	备注
1	给水管管材、管件规格及性能符合相关标准规定	—
2	排水管管材、管件规格及性能符合相关标准规定	—
3	PVC胶规格及性能符合相关标准规定	—
4	开槽前按管路终端位置画好操作线	—
5	给水管道开槽宽度、深度符合规定（槽宽、深均为管直径+10mm为宜）	—
6	给水管道开槽前须按管路终端位置全数画好操作线	—
7	地面开槽布管不得破坏地暖管	—
8	轻体隔墙上横向开槽不得大于300mm	—
9	砖墙、混凝土墙体上横向开槽不得大于500mm	—
10	混凝土墙、柱、梁表面开槽严禁打断结构钢筋	—
11	给水管穿混凝土墙、砖墙时须使用水钻开孔	—
12	给水管、电管、排水管不得同孔敷设在穿墙护管内	—
13	给水管穿墙时必须使用护管保护	—
14	给水管道布管时宜做到横平竖直	—
15	给水管所有镶嵌于墙体的内丝弯头须安装堵头保护	—
16	给水管距弯头及管道端部固定距离不得大于150mm	—
17	给水管地面布管明管固定必须采用水泥打点固定	—
18	给水管地面布管明管固定相邻固定点间距不得大于1000mm	—
19	给水管墙面布管暗管固定相邻固定点间距不得大于600mm且采用铜丝固定（空心墙体除外）	胀塞+自攻螺钉+铜丝
20	混合阀冷热水出口处安装连体内丝弯头	—
21	冷热水管上下交叉安装时，热水管宜在冷水管的上面	—
22	冷热水管竖向平行安装时，热水管宜在冷水管的左侧（面向水管进行检查）	—
23	水管与电管同时安装时，电管须在水管的上方	—
24	给水管敷设穿越吊顶不得有可拆卸接头	—
25	给水管所有镶嵌于墙体的内丝弯头必须固定牢固	—
26	给水管焊接必须规范、无渗漏	—
27	严禁将给水管铜管件直接暗埋于灰层内	—
28	所有内丝弯头截面宜低于墙体饰面层表面5mm	误差不大于3mm
29	局部改造的冷热水管管径规格与原建筑所配管径保持一致	—
30	现场冷热水系统管道不得混接	—

表3-2-1

序号	验收标准	备注
31	冷热水口管道不得熔堵或出现异物阻滞现象	一
32	水路验收时冷热水管路打压必须合格（不小于0.6MPa）	一
33	现场所有给水口（点）、管道走向符合设计要求	一
34	排水管穿混凝土墙、砖墙时必须使用水钻开孔	一
35	排水管改造两路排水合流处宜用斜三通配件改造	一
36	排水管终端安装地漏处宜用三通配件改造	一
37	排水管与排水管管件连接处须用PVC胶粘接牢固	一
38	排水管及管件不得出现破损现象	一
39	移植的排水管坡度符合规范要求（50管：12%～25%；75管：8%～15%）	一
40	排水管口用专用管堵进行封堵	一
41	排水管移位，管径符合规范要求	一
42	排水管明管悬空改造完后用专用的支吊架固定	一
43	排水管道验收，确保灌水试验合格	一
44	现场所有排水口点（位）位置准确，管道走向符合设计要求	一
45	给排水布管槽内垃圾清理干净	一

室内装饰电气工程施工质量验收表　　　　　　　　　　　　　表3-2-2

序号	验收标准	备注
1	电线管及管件的规格及性能符合相关标准规定	一
2	BV铜线、BVR铜线的规格及性能符合相关标准规定	一
3	网线、电视线、音响线的规格及性能符合相关标准规定	一
4	防水胶带、PVC胶、锡箔纸的规格及性能符合相关标准规定	一
5	穿线管在墙地面交界处不得凸出墙面	一
6	现场导线端部用压线帽进行保护，导线不得裸露	一
7	电线的接头搪上焊锡，并作绝缘防水处理（高压防水胶带+PVC胶带）	一
8	电路开槽前按管路终端位置全数画好操作线	一
9	电路开槽宽度、深度符合标准（槽宽、深均为管直径+10mm）	一
10	轻体隔墙上横向开槽不得大于300mm	一
11	砖墙、混凝土墙上横向开槽不大于500mm	一
12	混凝土墙、柱、梁表面开槽不得打断结构钢筋	一

序号	验收标准	备注
13	室内弱电布线必须并联	—
14	护管不得有折扁、褶皱、劈裂现象	—
15	形象墙底盒安装符合规范要求（龙骨加固处理、低于饰面层表面宜为5mm)	—
16	电路、水路上下敷设时，电路管线排布在水路管线上方	—
17	同一室内开关插座（底盒）水平误差不大于5mm	—
18	同一平面开关插座（底盒）水平误差不大于3mm	—
19	并排安装的开关插座（底盒）高差不大于1mm	—
20	开关插座（底盒）垂直误差不大于0.5mm	—
21	穿线管在盒（箱）内的余量以5mm为宜	—
22	穿线管在盒（箱）内的护口必须齐平（正常情况下需用锁母+锁扣)	—
23	弱电与强电间距小于300mm须用锡箔纸作屏蔽处理	—
24	卫生间地表面不得敷设电路管线	—
25	现场地面布管搭桥处须凹入地面作过桥处理	—
26	现场吊顶内布管位置不得影响后期灯具安装	—
27	贴砖部位底盒用水泥砂浆固定（底盒周边裁切方正、底盒内干净）盒内干净	—
28	非贴砖部位底盒用石膏或配比砂浆进行固定（底盒周边裁切方正、底盒内干净)	—
29	现场各室开关底盒不得安装在门背后	—
30	开关、插座底盒不得安装在砖缝上	瓷砖周长小于1200mm除外
31	现场开关底盒距门洞尺寸符合规范要求	100～150mm
32	顶面及墙面所布管路用线卡、胀塞固定	空心墙体用砂浆固定
33	地面所布明管用水泥砂浆固定可靠、结实	基层涂刷素浆
34	接线盒护管两边固定点间距不得大于150mm	—
35	管路端部固定点不得大于150mm	—
36	墙顶面布管相邻固定点间距不得大于600mm	—
37	地面布管相邻固定点间距不得大于1000mm	—
38	黄蜡管与PVC护管间用分色带作加固处理	—
39	波纹管与接线盒间用分色带加固处理	—
40	波纹管与PVC护管间用分色带加固处理	—
41	顶面所布明管直接处用分色带作加固处理	—

序号	验收标准	备注
42	地面所布明管直接处涂抹PVC胶水并用分色带作加固处理	—
43	明布PVC护管与接线盒间用分色带作加固处理	—
44	导线分色符合规范要求	—
45	同一回路相线、零线、接地线的线径一致	—
46	现场空调用线的线径不得小于4mm²	特殊情况除外
47	现场电炊具用线的线径不得小于4mm²	—
48	卫生间等电位连接线必须使用4mm²BVR黄绿双色软芯线	—
49	现场导线在盒（箱）内预留长度不得少于150mm	—
50	卫生间接地线与等电位用线端子有效连接	—
51	现场卫生间顶部导线接头作防水绝缘处理（高压防水胶带+PVC胶带）	—
52	现场厨房顶部导线接头作防水绝缘处理（高压防水胶带+PVC胶带）	—
53	现场厨房顶部导线接头作防水绝缘处理（高压防水胶带+PVC胶带）	—
54	现场灯位按图纸要求移到位	图纸与现场对比验收
55	现场开关按图纸要求移到位（注意现场衣柜尺寸、位置）	图纸与现场对比验收
56	现场管路敷设不得出现强弱电同管敷设现象	—
57	不得将波纹管直接暗埋于灰层内	—
58	不得将强弱电导线直接暗埋于灰层内	—
59	敷设管线时，不得将配管固定在吊杆或龙骨上	—
60	导线对地间的绝缘电阻不得小于0.5MΩ	—

室内装饰泥瓦工程施工质量验收表   表3-2-3

序号	验收标准	备注
1	水泥型号及性能须符合相关标准规定	—
2	水电管路走向须在砖面用色带进行标识	—
3	开关、插座等暗盒须按要求封堵保护	使用盖板保护
4	原腻子墙面贴砖须将腻子层铲除、打磨干净后方可贴砖	—
5	GRC板轻质隔墙贴砖，必须挂钢丝网片并做抹灰基层	—
6	墙面阴角砖铺贴必须压向正确	侧面砖压正面砖
7	非整砖宜排放在次要部位或阴角处	—
8	墙地砖表面须保持清洁无污染	—

序号	验收标准	备注
9	墙地砖对花（图案）必须铺贴正确	—
10	墙地砖不得有裂痕或缺损	—
11	墙地砖表面不得有爆瓷、划痕现象	—
12	不锈钢阳角条裁切口必须拼接平整	—
13	阳角瓷砖45°拼角不得有爆瓷或破损现象	—
14	出水口、开关、插座底盒不得安装在砖缝上	—
15	门、窗洞口排砖套割须吻合且边缘整齐	—
16	墙砖套割（特别是底盒处）须吻合且边缘整齐	—
17	所有砖面出水口须用开孔器开孔	—
18	厨房、卫生间墙砖的最上排砖上部空隙须用水泥砂浆填满	—
19	瓷砖与窗框交接处缝隙须铺贴严密	—
20	瓷砖与窗框交接处不得影响玻璃压条更换及窗扇开启	—
21	所有内丝弯头截面宜低于墙体饰面层表面5mm	误差不大于3mm
22	墙地砖空鼓率不得超过规范要求	—
23	墙砖表面平整度误差不得大于2mm（用2m靠尺和塞尺检查）	—
24	地砖表面平整度误差不得大于2mm（用2m靠尺和塞尺检查）	—
25	墙砖立面垂直度误差不得大于2mm（用2m垂直检测尺检查）	—
26	墙砖阴阳角方正误差不得大于2mm（用200mm阴阳角尺检查）	—
27	墙地砖接缝高低差不得大于0.5mm	—
28	墙地砖接缝直线度不得大于1.5mm（拉5m线检查，不足5m拉通线检查）	—
29	腰线对角方案符合设计方案要求并拼接平整	—
30	暖气管端口作封堵保护	—
31	底盒内干净、整洁（含电炊箱底盒）	—
32	地砖与木地板衔接缝处于门扇正下方（卧室门口，厨卫门口处）	—
33	管道须作隔声降噪处理	—
34	墙地砖勾缝顺畅，无遗漏	—
35	地漏处"回"字形套割不得出现碰瓷现象	—
36	地砖（特别是地漏处）套割吻合且边缘整齐	—
37	抹灰立面垂直度误差不得大于3mm（用2m垂直检测尺检查）	—
38	抹灰表面平整度误差不得大于3mm（用2m靠尺和塞尺检查）	—

序号	验收标准	备注
39	抹灰阴阳角方正误差不得大于3mm（用直角检测尺检查）	—
40	地面找平层表面平整度误差不得大于4mm（用2m靠尺和塞尺检查）	—
41	地面找平层水平误差不得大于4mm（尺量检查）	—
42	地面找层平空鼓面积不得大于400cm²	—
43	地面找平面层不得有裂纹和起砂现象	—
44	地面找平施工完毕，保持墙面干净无污染	—

室内装饰木作工程施工质量验收表　　　　　　　　　表3-2-4

序号	验收标准	备注
1	轻钢龙骨规格及性能符合相关标准规定	—
2	石膏板规格及性能符合相关标准规定	—
3	板材规格及性能符合相关标准规定	—
4	木龙骨、白乳胶、防火涂料、自攻螺钉、网格布等辅料规格及性能符合相关标准规定	—
5	石膏板断面平直，且无锯齿状	—
6	石膏板接缝拼在龙骨上	—
7	石膏板压向符合规范要求	—
8	石膏板全数用自攻螺钉进行安装	特殊情况 除外
9	饰面板表面干净整洁、无缺棱掉角现象	—
10	饰面板直角处采用整板进行套割	—
11	预留孔洞采用整板进行套割，且边口进行加固处理	—
12	石膏板与石膏板接缝之间预留5~8mm"八"字缝隙	—
13	纸包边自攻螺钉安装距板边距离符合规范要求	距板边宜为 10~15mm
14	切割边自攻螺钉安装距板边距离符合规范要求	距板边宜为 15~20mm
15	临边口自攻螺钉安装距板边距离符合规范要求	距板边宜为 20~25mm
16	同一龙骨上自攻螺钉安装间距符合规范要求	间距宜为 150~170mm
17	自攻螺钉嵌入石膏板纸面的深度符合规范要求	宜为0.5mm
18	自攻螺钉与板面垂直，且不得破损纸面	—

序号	验收标准	备注
19	自攻螺钉按弹线位置进行均匀安装	纵横线用墨斗弹线
20	吊顶四周水平标高误差不得大于5mm（尺量检查）	—
21	吊顶表面平整度误差不得大于2mm（用2m靠尺和塞尺检查）	—
22	石膏板接缝直线度误差不得大于3mm（不足5m拉通线检查）	—
23	石膏板接缝高低误差不得大于1mm（用钢尺和塞尺检查）	—
24	吊顶拐角阴阳角方正，误差不得大于2mm（用直角检测尺检查）	—
25	安装双层石膏板，上下层板之间必须涂刷白乳胶并用自攻螺钉固定	—
26	石膏板接缝处必须用木质板条涂刷白乳胶粘接并用自攻螺钉固定	—
27	石膏板隔墙所用石膏板规格宜为12mm厚板材	—
28	石膏板隔墙踢脚板部位背部进行背板加固处理	背木板条
29	地台与基层预埋件连接牢固，无松动现象	—
30	自攻螺钉按弹线位置进行均匀安装	—
31	地台表面平整、洁净、不露钉帽，无刨茬、锤印等	—
32	地台四周水平标高误差不得大于3mm	—
33	地台接缝高低误差不得大于1mm	—
34	地台表面平整度误差不得大于3mm	—
35	石膏板隔墙表面平整度误差不得大于2mm（用2m靠尺和塞尺检查）	—
36	石膏板隔墙接缝高低误差不得大于1mm（用钢尺和塞尺检查）	—
37	隔墙饰面石膏板离地距离不小于10mm（防潮）	—
38	石膏板隔墙阴阳角方正、误差不得大于2mm（用阴阳角尺检查）	—
39	石膏板隔墙上自攻螺钉安装间距符合规范要求（板边间距不大于200mm，板中间距不大于300mm）	—
40	晾衣架按要求预留检查口	—
41	穿过吊顶的晾衣架摇杆钢丝绳用锁扣保护	—
42	门垛与墙体间缝隙填塞必须密实平整	—

室内装饰涂饰基层工程施工质量验收表　　　　　　　　　表3-2-5

序号	验收标准	备注
1	石膏粉、滑石粉、901胶等材料规格及性能符合相关规范要求	
2	石膏线接缝平直，表面不得有裂缝、砂眼、毛刺	—

序号	验收标准	备注
3	腻子干透后方可打磨	—
4	腻子表面不得有裂缝	—
5	腻子表面砂纸打磨不得有遗漏	—
6	腻子表面砂纸打磨平整	—
7	孔洞、槽、盒边缘抹灰整齐	—
8	暗盒边缘裁切整齐	—
9	顶面平整度误差不得大于3mm	—
10	墙面平整度误差不得大于3mm	—
11	墙面立面垂直度误差不得大于3mm	—
12	阴阳角方正误差不得大于3mm	—
13	门窗套安装部位周边平整度误差不得大于1mm	—
14	门窗套安装部位周边垂直度误差不得大于1mm	—
15	无隐藏洞口的成品柜体处墙、顶面平整度误差不得大于1mm	—
16	无隐藏洞口的成品柜体处墙面垂直度误差不得大于1mm	—
17	安装踢脚线部位基层平整零误差	—
18	隔断边缘与墙体间缝隙填塞必须密实平整	—

室内装饰涂乳胶漆工程施工质量验收表　　　　　　表3-2-6

序号	验收标准	备注
1	乳胶漆规格及性能符合相关规范要求	—
2	乳胶漆底漆、面漆不得混合喷涂	—
3	乳胶漆涂膜厚度符合规范要求	—
4	乳胶漆表面不得有掉粉、起皮、漏喷现象	—
5	乳胶漆表面不得有麻点、砂眼、流坠、裂纹、皱皮、泛碱、咬色、透底现象	—
6	乳胶漆表面颜色均匀一致，无明显色差	—
7	1m正视喷点均匀、刷纹通顺	—
8	分色线直线度误差不得大于1mm	—
9	乳胶漆喷涂不得污染现场成品	—

参考文献

[1] 王英钰，张名孝，李禹.现代室内装饰构造与实训 [M]．北方联合出版传媒（集团）股份有限公司，辽宁美术出版社，2009

[2] 赵鲲，朱小斌，周遐德，李钦．室内设计节点手册：常用节点 [M]．上海：同济大学出版社，2016

[3] 魏大平．家装方案设计与实现 [M]．北京：中国建筑工业出版社，2010

[4] 王子佳，孙红立．建筑装饰装修工程识图新手快速入门 [M]．北京：化学工业出版社，2017

[5] 刘超英．家装设计攻略 [M]．北京：中国电力出版社，2016

[6] 李朝阳．装修构造与施工图设计 [M]．北京：中国建筑工业出版社，2005

[7] 胡虹．室内设计制图与透视表现教程 [M]．重庆：西南师范大学出版社，2006